U0346715

# 香蕉蛋糕

和

# 胡萝卜蛋糕

［日］高石纪子　著

蓝春蕾　译

北京出版集团公司
北京美术摄影出版社

# 风靡世界的
# 香蕉蛋糕和胡萝卜蛋糕

我生平做的第一道糕点就是香蕉蛋糕。
看到母亲品尝蛋糕后露出的赞赏笑容，我心中的喜悦之情油然而生。
不知不觉间，我已深深地爱上了烘焙。

香蕉蛋糕是一种简单朴素、适合在家做的糕点，胡萝卜蛋糕也是。
这两种蛋糕其实在美国和英国比较流行，
但如今，它们在甜点大国法国也逐渐获得人们的喜爱。
原因无他，正因其简单自然的风味。

香蕉和胡萝卜这两种食物都具有较高的糖分。
因此我在这本书中尽量少用糖，
转而运用其原本的甜味。
因为它们不只是食材，也是一部分糖分的来源。

香蕉和胡萝卜的味道并不新奇，很适合与其他食物进行搭配。
在它们柔和的甜味的衬托下，
巧克力、焦糖和水果的味道就格外突出。

烘焙好之后可以把蛋糕切成喜欢的大小送给他人作为礼物。
我在切面上动了一些心思，让切开后的蛋糕也能保持精美的外形，
让各位简单包装一下就能送得出手。

这些食谱兼具法式甜点的优雅华丽和美式甜点的平易近人。
希望各位能够轻松愉快地烘焙，
学会这些食谱后，也能开发出属于自己的食谱。
也希望这些食谱能够一直流传下去。

高石纪子

# 目 录

## 香蕉蛋糕

### 原味香蕉蛋糕    11

# 胡萝卜蛋糕

## 原味胡萝卜蛋糕

# 蔬菜磅蛋糕

**本书使用说明**

○材料的分量均为净重。称重时一般需要将水果、蔬菜的皮和种子等不需要的部分去除。如需直接使用，食谱中会明确标出。

○所需烘焙工具和模具详见第 8 页和第 9 页。

○本书使用的是电烤箱，但用煤气烤炉也可以烘焙。不过由于种类不同，烤箱的烘烤温度和时间也会有所不同，这时需要根据情况进行调整。烤箱火力较弱时，可以将温度调高 10℃。

○本书使用的微波炉为 600W。平底锅含有不粘涂层。

○ 1 汤匙是指 15 毫升，1 茶匙是指 5 毫升。

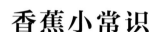

# 香蕉小常识

### 具有美容效果

香蕉有助于消化，是极易获取的能量来源。不仅如此，它还富含多酚、食物纤维、维生素 B 等物质，对健康和美容都有帮助，其中多酚含量还处于水果之中的较高水平。除了抗氧化作用以外，它还能去除造成细胞和身体组织老化的活性氧类，避免患上癌症和不良生活习惯造成的疾病，并且防止衰老。

食物纤维和维生素 B 则对女性比较有帮助。食物纤维可以清理肠胃，有助于新陈代谢，帮助肌肤保持水润。维生素 B 能够缓解肌肤干燥，具有美容效果。

### 长出黑斑时为最佳食用期

由于香蕉的进口渠道较为稳定，一年四季都能品尝到。挑选香蕉时，应选择通体黄色、果蒂坚硬的进行食用。

一般来说，香蕉应存放在常温通风处。当其长出黑斑时，说明已经成熟。由于香蕉是热带水果，如存放在冰箱冷藏室，可能会因为低温导致香蕉皮变黑。

### 可生吃可入菜

香蕉大体上分为可以生吃和可以入菜的两种。我们平常食用的是前一种，后一种较为少见，需要加热后食用。本书使用的是可以生吃的香蕉。

虽说香蕉有 300 多个品种，但我们一般食用的是产自菲律宾的粗把香芽蕉。最近，个头较小的鲜香蕉、果皮为红色的南洋红香蕉、在日本冲绳和奄美群岛栽培的海岛香蕉都较受欢迎，但流通量不大。

# 胡萝卜小常识

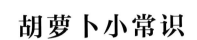

### 富含 β-胡萝卜素的健康蔬菜

  胡萝卜的英语名称"carrot"的词源就是胡萝卜素"carotene"，其外形中鲜亮的橙色也是胡萝卜素所致。胡萝卜素之中，β-胡萝卜素在胡萝卜中的含量尤其高，在蔬菜中可谓首屈一指。它可以提高免疫力、滋润肌肤和头发、抵御病菌、预防疾病以及改善眼睛疲劳等症状。由于 β-胡萝卜素在靠近皮的部分含量较多，因此食用时最好尽量减少削皮的厚度。

  此外，β-胡萝卜素适合与油进行搭配，遇油后吸收率提高。由于胡萝卜蛋糕中使用了沙拉油，食用时可以更高效地吸收 β-胡萝卜素。

### 最佳食用期为秋冬

  尽管胡萝卜一年四季都能买到，但它的甜度和营养价值在秋冬之际才较高。

  挑选胡萝卜时应选择有裂纹、橙色较深、根部较小的。如果有叶子，叶子水分充足的较为新鲜。由于胡萝卜不宜接触水分，如需长期保存要用报纸包裹起来放进冰箱冷藏室。

### 源自西方的五寸胡萝卜较常见

  胡萝卜大体分为源自西方的品种和源自中国的品种。我们在超市经常看到的多为前者。

  这类胡萝卜之中，长 15~20 厘米的五寸胡萝卜又占大多数。经过品种改良后，其独特的臭味与以前相比有所减少，甜度也增加了，更加容易入口。源自中国的品种之中，较为有名的就是金时胡萝卜。它也称京胡萝卜，颜色深红，长达 30 厘米左右。

# 烘焙工具

无须特殊的工具。
最基础的烘焙工具就足够了。

## 1. 电子秤

使用精度为 1 克的电子秤就行。烘焙时需要提前测量好所需的材料。

## 2. 打蛋器

推荐使用构造结实的不锈钢材质，钢条数量要多。需要配合用途和打蛋盆的大小来选择，尺寸相符非常重要。

## 3. 电动搅拌器

不同电动搅拌器的机器力度不同，按照食谱进行搅拌时，需根据面糊的状态判断搅拌时间。

## 4. 橡胶刮刀 / 木铲

耐热的硅胶刮刀很方便，不仅柔韧度好，也便于搅拌。在制作焦糖和果酱时，由于有染色风险，尽量使用木铲比较好。

## 5. 打蛋盆

打蛋盆主要用于处理面糊，最好使用直径 20 厘米的不锈钢盆，越深的盆搅拌起来越容易。但也要准备几个小一点的打蛋盆，用于碾碎香蕉以及打蛋等。

## 6. 多功能面粉筛

多功能面粉筛可以用于过滤和筛选材料，最好选择目数高的。双层容易堵塞，用单层筛子就行。

## 7. 烘焙油纸

烘焙油纸经过特殊加工后耐热、抗油、防水，能使烘焙时使用的面糊不会紧紧粘在模具里和烤盘上，而是服帖地平铺开来。

## 8. 刷子

刷子有山羊毛、尼龙和硅胶等各种材质，便于在面糊上涂利口酒、裹糖衣等。由于刷子极易沾染味道，用完之后要清洗干净。

## 9. 细擦板

细擦板是一种将柑橘类的果皮、蔬菜、巧克力和芝士等食材磨成粉末的工具，不容易堵塞，粉末也松软，可以代替各类擦菜板。

## 10. 刨丝器

和用菜刀切比起来，刨丝器能更快切出形状统一的食材，还可以切细丝及磨成粉末。上面的刀片有的还可以替换。

## 11. 晾网

晾网是一种网状工具，可以把刚烤好的蛋糕放在上面冷却。支架能让热量和多余的水分快速流失，有的烤箱会自带晾网。

8

# 模具

选用 18 厘米的磅蛋糕模具。
模具中需先铺上烘焙油纸。

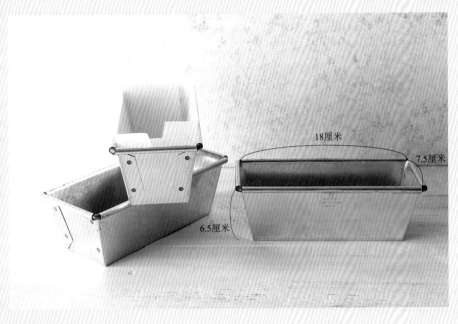

18厘米

7.5厘米

6.5厘米

　　本书使用的马特费尔（Matfer）品牌 18 厘米磅蛋糕镀锡模具以导热效果好、成品精美而广受好评，材料的分量也按照此模具定制。此分量的材料也基本可以用于 15 厘米或 16 厘米等稍小的磅蛋糕模具。但本书第 68—71 页咸味胡萝卜蛋糕因面糊量过大无法用较小模具完成。

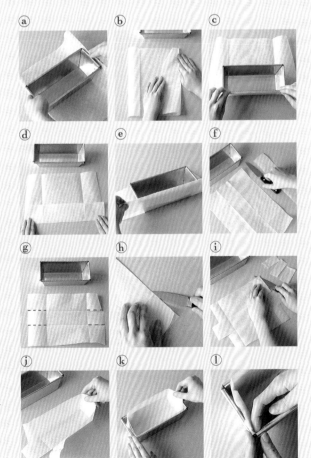

## 如何将烘焙油纸铺在模具里

1 剪下 30 厘米 × 25 厘米左右大小的烘焙油纸，将模具放在中央，沿着模具的短边轻轻折出折痕（如图 a）。移开模具，沿着折痕用力对折（如图 b）。长边也同样先轻轻折出折痕，再用力对折（如图 c 和图 d）。

2 把烘焙油纸贴在模具上，将超出边缘的位置折进去（如图 e），用小刀等工具裁下（如图 f）。

3 用小刀沿着图中标示的四条线裁下去（如图 g），稍微裁超过折痕一点点（如图 h）。

4 将四角沿着剪过的地方对折并裁下（如图 i）。

5 将烘焙油纸放入模具（如图 j 和图 k），铺进去时用手指按住边角以防油纸飘起（如图 l）。

# 香蕉蛋糕

以往的香蕉蛋糕味道浓郁厚重，但本书中的香蕉蛋糕口感轻盈、甜味柔和，显得更加优雅。它们不仅口味绝佳，而且无论做多少次、吃多少次都不会厌烦。其秘密在于一部分香蕉碾成了香蕉泥，另一部分则只简单地碾压了几下。前者增加了面糊的甜度，后者改善了蛋糕的口感。由于香蕉蛋糕无须太多材料，最适合用来当点心。

# 原味香蕉蛋糕

[材料]（用于1个18厘米磅蛋糕模具）

无盐黄油　70 克
细砂糖　60 克
鸡蛋　1 个（60 克）
香蕉　35 克 + 45 克
材料 A
 低筋面粉　80 克
 泡打粉　1/2 茶匙

[事前准备]

○软化无盐黄油至常温（约 25℃）。
→从冰箱冷藏室取出后软化，直到可以轻松用手指按压的程度即可（如图 a）。时间紧急时可以用保鲜膜包住黄油，按压平整后放入微波炉加热，每 5 秒观察一下软化情况。注意不要让无盐黄油熔化。

○将鸡蛋放置至常温（约 25℃），用叉子打散蛋液（如图 b）。
→放置至常温是因为温度低的鸡蛋很难与面糊搅拌均匀。打散蛋液时，需要让蛋清充分融入，整体搅拌均匀。

○用叉子背面将 35 克香蕉碾压成泥状（如图 c）。剩下 45 克香蕉用叉子背面简单碾压一下，碾成不超过 1 厘米宽的块状即可（如图 d）。
→每个食谱的情况都不相同，有时只会用到香蕉泥。

○混合材料 A 并过筛（如图 e）。
→放入多功能面粉筛或者孔较小的篓子里抖动即可，这样可以防止结块，使面糊更加润滑。这是烘焙的基础技能之一。

○在模具中铺上烘焙油纸（如图 f）。
→方法见第 9 页。

○算好时间，将烤箱预热至 200℃。
→不同机器预热时间不同，需要算好时间再开始预热。

## 基础材料

**黄油**
　　我在烘焙时使用的是无盐发酵黄油，但它和普通的无盐黄油没有太大区别。无盐发酵黄油有一股清爽的酸味，可以使蛋糕口感更轻盈一些。

**细砂糖**
　　细砂糖是糖类中口味较淡的一种。烘焙专用的细砂糖颗粒微小，容易融入面糊。如果使用绵白糖，口味可能会发生变化。

**鸡蛋**
　　我选择的鸡蛋净重约 60 克，要尽量新鲜。由于鸡蛋重量存在个体差异，使用时需要称重确认，上下 5 克都在允许范围。使用时需放置至常温（约 25℃），这样加入面糊时才容易搅拌均匀。

**香蕉**
　　最好使用果皮上长出黑斑、手感柔软的香蕉，如香蕉比较坚硬，可以放置在常温下等其成熟。

**低筋面粉**
　　我使用的面粉为日清制粉烘焙专用的"超级维奥莱"（Super Violet）系列低筋面粉，这种面粉烘焙出来的成品纹理较稀疏。也可以用日清制粉的"维奥莱"（Violet）系列代替。但最好不要用日清制粉的"花"（Flower）系列，口感会发生变化。

**泡打粉**
　　泡打粉可以让面糊膨胀，烘焙时使甜点更加蓬松。应使用无铝泡打粉。

11

## [做法]

1 在打蛋盆中放入无盐黄油和细砂糖，用橡胶刮刀搅拌，使细砂糖完全溶解。（如图 a 和图 b）。

   →如果一开始就用电动搅拌器进行搅拌，细砂糖会四处飞散，因此要先用橡胶刮刀使其融为一体。

2 用电动搅拌器高速搅拌上述混合物 3 分钟左右，过程中使其充分与空气接触（如图 c）。

   →用电动搅拌器大幅搅拌，直到整体呈白色为止。搅拌结束后用橡胶刮刀刮至一处（如图 d）。

3 分 5 次加入蛋液（如图 e），每次都用电动搅拌器低速搅拌 10 秒左右，之后再高速搅拌，直至搅拌均匀（如图 f）。

   →和步骤 2 相同，使用电动搅拌器搅拌过程中，需用适宜的橡胶刮刀将混合物刮至一处（如图 g）。

   →将蛋液分 5 次加入能保证搅拌均匀。低速搅拌使之稍微融合一些，再换高速搅拌，可以保证完全搅拌均匀。如果还未均匀，可以加入 1 汤匙材料 A，粉状材料能吸收鸡蛋里的水分，帮助其成型。

4 加入 35 克香蕉泥（如图 h），用橡胶刮刀轻轻搅拌均匀（如图 i）。

   →搅拌均匀即可。

5 加入混合物 A，单手转动打蛋盆，同时从底部向上大幅翻动 20 次左右（如图 j 和图 k），等到仅残留一些浮粉时即可（如图 l）。

   →在打蛋盆的中央插入橡胶刮刀，按照图中指示的方向从底部翻动搅拌。同时在靠近自己的位置单手旋转打蛋盆，使整体搅拌均匀。

   →需要不时将打蛋盆侧面的混合物刮下来，搅拌后就不会存在较大差异。

   →严禁过度搅拌及按压。最后不用完全搅拌均匀，稍微残留一些浮粉也可以。

6 加入 45 克香蕉块（如图 m），按照同样的手法搅拌 5~10 次。等面糊表面没有浮粉、变得平整即可（如图 n）。

   →由于要保留香蕉块原本的形状，过程中不要碾压，将粉状材料搅拌均匀即可。

7 将步骤 6 中的面糊倒入模具（如图 o），把模具底部放在工作台上敲打 2~3 下，使面糊表面变得平整（如图 p）。烤箱预热完毕后，等温度降至 180℃时放入模具，烘烤 35 分钟左右。

   →面糊的量大约为模具高度的 8 成。在工作台上敲击模具可以去除面糊中多余的空气，使其表面变得平整。

   →将模具放在烤盘的中央，放在烤箱的下层烘烤。过程中动作要快，因为在开关烤箱门时，内部温度也会下降，所以要预热到较高的温度。烘烤时的温度应为 180℃。

8 等蛋糕表面裂开的部分略带焦色后，用竹签戳一下，如无液体残留就说明烤好了（如图 q）。将蛋糕连同烘焙油纸从模具中取出，放在晾网上冷却（如图 r）。

   →用竹签戳过之后如残留黏稠的面糊，应将其放回烤箱继续烘烤，每 5 分钟就观察一下状态。

   →放在晾网上时，需将侧面的烘焙油纸剥下。刚烤好的蛋糕和冷却后的蛋糕都值得一品。

要点
  ○原味香蕉蛋糕外形朴素，味道亲民，食用时还能感受到丝丝香蕉的柔和甜味。
  ○刚烤好的蛋糕外侧酥脆，内部柔软。到了第二天，吃起来就多了一分水润感。
  ○如果将所有的香蕉都碾成泥状，面糊就会因为水分过多变得沉重。而将超过一半的香蕉简单碾成块状就能保留水分，口感更加轻盈。
  ○当香蕉还有剩余时，可以将其切成厚约 5 毫米的片状，放在冷却后的蛋糕上（如图 s）。这一点对各类香蕉蛋糕都通用。
  ○将完全冷却后的蛋糕用保鲜膜包起来（如图 t），放进冰箱冷藏室保存。可以保存 4~5 天。由于含有黄油的蛋糕冷藏后会变硬，因此需要食用时，无论是整块还是切片，都应先将其放置至常温。

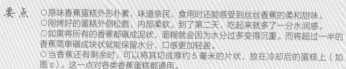

1
a
b

2
c
d

3
e
f

4
g
h
i
j
k
l

5

6
m
n

7
o
p

8
q
13
r

# 装饰技法

除了本书的食谱以外，各位还可以按照自己的喜好装饰蛋糕。
以下是 3 种样式与味道都各不相同的装饰技法。

## ● 奶酥粒

奶酥粒是指将黄油、糖、低筋面粉、杏仁粉等材料混合后呈酥松状的混合物，烘烤后口感外酥内软。做法见第 19 页及第 32 页。

## ● 糖霜

糖霜是指烘烤类糕点及水果外面覆盖的糖衣。在粉状的砂糖中加入果汁或红茶等液体搅拌后，可以用勺子画出线条状（如第 19 页等）或用锥形纸筒挤出来（见下文），也可以全部涂在糕点上（如第 29 页等），装饰方法多样。

### 如何制作和使用锥形纸筒

1 将烘焙油纸剪成边长 25 厘米的正方形，对叠成三角形后用裁纸刀裁开。
2 将直角对准自己，从右侧向内卷（如图 a 和图 b），左侧也卷起（如图 c），使顶部形成一个尖角（如图 d）。
3 将最外侧烘焙油纸超出的部分向内折（如图 e），然后再向内折 1 厘米左右（如图 f）。
4 倒入糖霜（如图 g），将封口的面朝下，捏住开口两侧折出折痕（如图 h），翻过来将开口叠成三角形（如图 i），接着向内折三次（如图 j）。
5 将尖角前端 5 毫米剪下（如图 k），挤出糖霜（如图 l）。

## ● 巧克力涂层

将巧克力和鲜奶油混合后涂在蛋糕上部和侧面就形成了巧克力涂层。其实巧克力类与香蕉蛋糕非常般配。

巧克力涂层的材料与做法（用于 1 个 18 厘米磅蛋糕模具）

1 将 80 克黑巧克力切碎后放入打蛋盆。
2 在另一个耐热的打蛋盆中放入 40 毫升乳脂含量 35% 的鲜奶油，不要用保鲜膜包裹，直接在微波炉中加热 20~30 秒，直至沸腾。加热时需持续观察，防止溢出。
3 将步骤 2 中的鲜奶油加入步骤 1 中的打蛋盆里，用橡胶刮刀搅拌均匀（如图 a 和图 b），然后将其放置至常温（约 25℃）。
4 将需要进行涂层的香蕉蛋糕顶部沿水平线切下（如图 c 和图 d），翻过来放在转台或者底较浅的盘子上。
5 将步骤 3 中的混合物分 2~3 次放在蛋糕上，每次都用抹刀涂抹均匀（如图 e）。落到侧面的部分可以把抹刀竖起来涂抹均匀。
6 将步骤 5 中的蛋糕放在翻过来的托盘上晾干（如图 f）。

ⓐ ⓑ ⓒ ⓓ ⓔ ⓕ

**要点**
○在步骤 4 中，将蛋糕顶部切下时，可以放一个两侧高度为 4~4.5 厘米的慕斯圈，沿着模具用刀切片即可。没有慕斯圈时，可以准备两个差不多同等高度的物品代替。
○我用于涂层的巧克力是法芙娜加勒比黑巧克力，可可含量 66%。

ⓐ ⓑ ⓒ ⓓ
ⓔ ⓕ ⓖ ⓗ

ⓘ ⓙ ⓚ ⓛ

# 巧克力风味

香蕉和巧克力，
是世界糕点界著名的搭档。
既可以在面糊中加入巧克力，
也可以撒上巧克力豆，
或者勾勒出大理石纹样，
方法多种多样。

15

巧克力
香蕉蛋糕

16

# 巧克力树莓香蕉蛋糕

# 大理石纹巧克力香蕉蛋糕

17

# 巧克力香蕉蛋糕

## [ 材料 ]（用于 1 个 18 厘米磅蛋糕模具）

甘纳许
- 黑巧克力　20 克
- 牛奶　2 茶匙

无盐黄油　70 克
细砂糖　60 克
鸡蛋　1 个（60 克）
香蕉　40 克 + 40 克

材料 A
- 低筋面粉　55 克
- 可可粉　15 克
- 泡打粉　1/2 茶匙

## [ 事前准备 ]

○软化黄油放置至常温（约 25℃）。
○将鸡蛋放置至常温（约 25℃），用叉子打散蛋液。
○用叉子背面将 40 克香蕉碾压成泥状，将剩下 40 克香蕉切成 1 厘米宽的块状。
○混合材料 A 并过筛。
○在模具中铺上烘焙油纸（见第 9 页）。
○算好时间，将烤箱预热至 200℃。

> **要点**
> ○加入甘纳许后，蛋糕的味道会更加浓郁，吃起来口感比较水润。
> ○巧克力需选用烘焙专用的涂层巧克力。本篇食谱中我使用的是法芙娜加勒比黑巧克力（可可含量 66%），它与牛奶和鲜奶油非常般配。巧克力无法完全溶化时，可以隔水加热。
> ○烘烤时也可以在蛋糕顶部放上香蕉切片。

## [ 做法 ]

1　制作甘纳许。将黑巧克力切碎后放入较小的打蛋盆。

2　在另一个耐热的打蛋盆中放入牛奶，不要用保鲜膜包裹，直接在微波炉中加热 10 秒左右，直至沸腾。

3　将步骤 2 中的牛奶分 2~3 次加入步骤 1 中的打蛋盆里，每次都用勺子轻轻搅拌，使黑巧克力溶化。这样甘纳许就做好了，将其放置冷却。

4　在另一个打蛋盆中放入无盐黄油和细砂糖，用橡胶刮刀搅拌，使细砂糖完全溶解。

5　用电动搅拌器高速搅拌上述混合物 3 分钟左右，过程中使其充分与空气接触。

6　分 5 次加入蛋液，每次都用电动搅拌器低速搅拌 10 秒左右，之后再高速搅拌，直至搅拌均匀。

7　加入 40 克香蕉泥，用橡胶刮刀轻轻搅拌均匀。

8　加入混合物 A，单手转动打蛋盆，同时从底部向上大幅翻动 20 次左右，等到仅残留一些浮粉时即可。

9　加入步骤 3 中的甘纳许，按照同样的手法搅拌 5~10 次。等面糊表面没有浮粉、变得平整即可。

10　加入 40 克宽度 1 厘米的香蕉块，大幅搅拌 2~3 次。

11　将步骤 10 中的面糊倒入模具，把模具底部放在工作台上敲打 2~3 下，使面糊表面变得平整。烤箱预热完毕后，等温度降至 180℃时放入模具，烘烤 35 分钟左右。

12　等蛋糕表面裂开的部分略带焦色后，用竹签戳一下，如无液体残留就说明烤好了。将蛋糕连同烘焙油纸从模具中取出，放在晾网上冷却。

---

# 巧克力树莓香蕉蛋糕

## [ 材料 ]（用于 1 个 18 厘米磅蛋糕模具）

冷冻树莓　40 克

材料 A
- 低筋面粉　80 克
- 泡打粉　1/2 茶匙

无盐黄油　70 克
细砂糖　60 克
鸡蛋　1 个（60 克）
香蕉　40 克
黑巧克力　30 克

糖霜
- 糖粉　2 汤匙
- 冷冻树莓　4 克

## [ 事前准备 ]

○和上述巧克力香蕉蛋糕基本相同，只是需要将所有香蕉都用叉子背面碾压成泥状。
○用厨房用纸将面糊中需要用到的 40 克冷冻树莓表面的冰擦拭干净，用手大致掰下，放入冷冻室。用在糖霜中的 4 克冷冻树莓应放在室温下解冻。
○将黑巧克力简单切一下。

> **要点**
> ○在步骤 1 中，用面粉裹住树莓，烘烤时树莓就不会下沉，而是均匀分布在蛋糕中。
> ○我使用的巧克力是法芙娜圭那亚黑巧克力（可可含量 70%）。将巧克力切成宽度 5 毫米左右的块状即可，大小不一定保持一致。

# 大理石纹巧克力香蕉蛋糕

**[材料]**（用于1个18厘米磅蛋糕模具）

奶酥粒
　无盐黄油　20克
　红糖　20克
　低筋面粉　20克
　杏仁粉　20克
　可可粉　1汤匙
　速溶咖啡　1茶匙
无盐黄油　70克
细砂糖　60克
鸡蛋　1个（60克）
材料A
　低筋面粉　70g
　泡打粉　1/2茶匙
可可粉　1汤匙
香蕉　20克＋40克

**[ 事前准备 ]**

○和第18页的巧克力香蕉蛋糕基本相同，只是用来制作奶酥粒的无盐黄油需在低温状态下使用。用叉子背面将20克香蕉碾压成泥状，剩下40克香蕉切成1厘米宽的块状即可。

**[ 做法 ]**

1　制作奶酥粒。在打蛋盆中放入所有制作奶酥粒的材料，用手简单搅拌一下粉状材料，一边揪下无盐黄油一边裹上粉。当把无盐黄油掰成小块后，用手指快速搅拌均匀。等到无盐黄油呈酥松状后（如图a），放入冷冻室冷冻加固。

2　按照第18页巧克力香蕉蛋糕的步骤4~8进行制作，跳过步骤7。

3　取出100克步骤2中的面糊放入另一个打蛋盆（如图b），接着一边将1/2分量的可可粉用茶壶滤网过筛，一边加入打蛋盆（如图c），单手转动打蛋盆，同时从底部向上大幅翻动10次左右。将剩下的可可粉继续用茶壶滤网过筛，同时加入打蛋盆，按照同样的手法翻动15次左右。等其表面没有浮粉、变得平整时，加入20克宽约1厘米的香蕉块，大幅搅拌2~3次（如图d）。

4　将20克香蕉泥加入步骤2中剩余的面糊里，按照同样的手法翻动5~10次。等其表面没有浮粉、变得平整时，加入剩余的20克宽约1厘米的香蕉块（如图e），大幅搅拌2~3次。

5　将步骤3中的面糊加入步骤4的打蛋盆，按照同样的手法大幅搅拌2~3次（如图f）。

6　将步骤5中的面糊倒入模具，把模具底部放在工作台上敲打2~3下，使面糊表面变得平整，将步骤1中的奶酥粒铺在蛋糕上。烤箱预热完毕后，等温度降至180℃时放入模具，烘烤35分钟左右。

7　等奶酥粒略带焦色后，用竹签戳一下，如无液体残留就说明烤好了。将蛋糕连同烘焙油纸从模具中取出，放在晾网上冷却。

要点　○要想形成大理石纹样，需在过程中将面糊分成两份，其中一份加入着色材料。
○奶酥粒也适合与其他巧克力风味的食物进行搭配，但由于容易受潮，应尽快食用。

**[ 做法 ]**

1　在较小的打蛋盆中放入面糊中需要用到的40克冷冻树莓，分几次加入1汤匙混合物A，用勺子等快速搅拌均匀（如图a）。

2　按照第18页巧克力香蕉蛋糕的步骤4~12进行制作。但在步骤7中，应加入所有香蕉。在步骤9中，用黑巧克力代替甘纳许。在步骤10中，用步骤1中的冷冻树莓代替香蕉。

3　制作糖霜。将红糖用茶壶滤网过筛后放入打蛋盆，加入4克用在糖霜中的冷冻树莓，用勺子等充分搅拌（如图b）。舀起来后慢慢地倒回去，等倒回去后需要2~3秒和原有糖霜融为一体时的状态刚刚好（如图c）。

4　等步骤2中烤好的蛋糕冷却后，剥下烘焙油纸，用勺子舀起步骤3中的糖霜倒在蛋糕顶部（如图d），放入预热至200℃的烤箱内加热1分钟后，放在晾网上晾干。

## 焦糖风味

焦糖和巧克力一样，
都是和香蕉极为般配的食材。
焦糖略带苦涩的味道，
包裹住香蕉温和的甜味，
有种苦尽甘来的感觉。

大理石纹焦糖香蕉
蛋糕

20

杏仁瓦片香蕉蛋糕

21

# 大理石纹焦糖香蕉蛋糕

## [材料]（用于1个18厘米磅蛋糕模具）

焦糖
  细砂糖　50克
  鲜奶油（乳脂含量35%）　50毫升
无盐黄油　70克
细砂糖　50克
鸡蛋　1个（60克）
香蕉　40克+80克
材料A
  低筋面粉　70克
  泡打粉　1/2茶匙
杏仁粒（如图a）　15克

## [事前准备]

○软化无盐黄油，放置鲜奶油至常温（约25℃）。
○将鸡蛋放置至常温（约25℃），用叉子打散蛋液。
○用叉子背面将40克香蕉碾压成泥状，将剩下80克香蕉切成1厘米宽的片状。
○混合材料A并过筛。
○在模具中铺上烘焙油纸（见第9页）。
○算好时间，将烤箱预热至200℃。

## [做法]

1　制作焦糖。在较小的平底锅中放入细砂糖，不要移动，用中火加热。等到细砂糖熔化一半时（如图b），转动平底锅使之均匀受热，直至细砂糖完全熔化（如图c）。

2　等出现淡淡的焦糖色后（如图d），用木铲搅拌混合物，直至焦糖色变浓之后再关火（如图e）。稍过一会儿，将鲜奶油分两次加入锅中，每次都轻轻搅拌一会儿（如图f）。再次用小火加热，稍一沸腾就关火（如图g）。这样焦糖就做好了。

3　在较小的打蛋盆中放入80克香蕉片。趁热加入10克步骤2中的焦糖（如图h），快速涂在香蕉上（如图i）。剩余的焦糖移至耐热的打蛋盆中，放置冷却。

4　在打蛋盆中放入无盐黄油和细砂糖，用橡胶刮刀搅拌，使细砂糖完全溶解。

5　用电动搅拌器高速搅拌上述混合物3分钟左右，过程中使其充分与空气接触。

6　分5次加入蛋液，每次都用电动搅拌器低速搅拌10秒左右，之后再高速搅拌，直至搅拌均匀。

7　加入40克香蕉泥，用橡胶刮刀轻轻搅拌均匀。

8　加入混合物A，单手转动打蛋盆，同时从底部向上大幅翻动25~30次。等面糊表面没有浮粉、变得平整即可。

9　加入步骤3剩余的焦糖，按照同样的手法搅拌2~3次。

10　将步骤9中的面糊倒入模具，把模具底部放在工作台上敲打2~3下，使面糊表面变得平整。将步骤3中的香蕉排成2列摆放在面糊上，撒上杏仁粒。烤箱预热完毕后，等温度降至180℃时放入模具，烘烤35分钟左右。

11　等蛋糕表面裂开的部分略带焦色后，用竹签戳一下，如无液体残留就说明烤好了。将蛋糕连同烘焙油纸从模具中取出，放在晾网上冷却。

22

ⓑ　ⓒ　ⓓ

ⓔ　ⓕ　ⓖ

要点　○香蕉的甜味和焦糖的苦味非常般配。
　　　○要想烤出来的大理石纹更美观，就不能过度搅拌面糊和焦糖。
　　　○可以用杏仁片代替杏仁粒。
　　　○将切片蛋糕放入微波炉加热20秒左右后，淋上香草冰激凌食用同样美味。

ⓗ　ⓘ　ⓙ

ⓐ 杏仁粒
　杏仁粒为杏仁切碎后的颗粒。装饰烘烤类糕点或搅拌进面糊时都能提升食物的口感。

# 杏仁瓦片香蕉蛋糕

## [ 材料 ]（用于 1 个 18 厘米磅蛋糕模具）

无盐黄油　70 克
细砂糖　60 克
鸡蛋　1 个（60 克）
香蕉　35 克＋20 克
材料 A
　低筋面粉　70 克
　泡打粉　1/2 茶匙
杏干（如图 a）50 克
柑曼怡（如图 b）2 茶匙
杏仁瓦片
　细砂糖　15 克
　无盐黄油　10 克
　鲜奶油（乳脂含量 35%）2 茶匙
　蜂蜜（如图 c）5 克
　杏仁片　20 克

## [ 事前准备 ]

○将杏干放入热水中浸泡 5 分钟左右，直至表面泡软（如图 d）。去除水分后，浸泡在柑曼怡中腌制 3 小时以上，保证不超过一晚上即可。
○软化无盐黄油至常温（约 25℃），用于制作杏仁瓦片的无盐黄油可以保持低温状态。
○将鸡蛋放置至常温（约 25℃），用叉子打散蛋液。
○用叉子背面将 35 克香蕉碾压成泥状。剩下 20 克香蕉用叉子背面简单碾压一下，碾成不超过 1 厘米宽的块状即可。
○混合材料 A 并过筛。
○在模具中铺上烘焙油纸（见第 9 页）。
○算好时间，将烤箱预热至 200℃。

## [ 做法 ]

1　在打蛋盆中放入无盐黄油和细砂糖，用橡胶刮刀搅拌，使细砂糖完全溶解。

2　用电动搅拌器高速搅拌上述混合物 3 分钟左右，过程中使其充分与空气接触。

3　分 5 次加入蛋液，每次都用电动搅拌器低速搅拌 10 秒左右，之后再高速搅拌，直至搅拌均匀。

4　加入 35 克香蕉泥，用橡胶刮刀轻轻搅拌均匀。

5　加入混合物 A，单手转动打蛋盆，同时从底部向上大幅翻动 20 次左右，等到仅残留一些浮粉时即可。

6　加入 20 克香蕉块，按照同样的手法搅拌 5~10 次。等面糊表面没有浮粉、变得平整即可。

7　将步骤 6 中的面糊倒入模具，把模具底部放在工作台上敲打 2~3 下，使面糊表面变得平整。烤箱预热完毕后，等温度降至 180℃时放入模具，烘烤 35 分钟左右。

8　烘烤面糊 5~10 分钟后开始制作杏仁瓦片。将除了杏仁片以外的材料放入小锅，不要移动，用小火加热。等细砂糖溶解后（如图 e），用橡胶刮刀搅拌，加入杏仁片。直到汁水蒸发，混合物变得黏稠时（如图 f）停止继续搅拌。

9　开始烘烤面糊 15 分钟左右时，将步骤 7 中的模具暂时取出，铺上步骤 8 中的杏仁瓦片，立刻放回烤箱重新烘烤。

10　等杏仁瓦片略带焦色后，用竹签戳一下，如无液体残留就说明烤好了。将蛋糕连同烘焙油纸从模具中取出，放在晾网上冷却。

要点　○本次烤制的香蕉蛋糕是以杏仁和焦糖为原料，用杏仁瓦片做装饰，顶部香脆无比。
○制作杏仁瓦片时，搅拌手法要轻柔，以防弄碎杏仁片。
○将杏仁瓦片放置在面糊上的最佳时间为开始烘烤后 15 分钟左右。太早了容易将杏仁瓦片烤焦，太晚了热量已经深入。应尽快完成此步骤，立即放回烤箱。
○当有孩子食用，需要保证无酒精时，可以不用腌制杏干。

ⓐ 杏干
杏干是晾干后的杏子果实。酸味和甜味都恰到好处，颜色也十分鲜艳。由于果肉厚实，口感也不错。

ⓑ 柑曼怡
柑曼怡是将海地产的苦橙放入高级干邑白兰地中酿造的利口酒，其特征为强烈的橙香与温和的甜味。

ⓒ 蜂蜜
蜂蜜是蜜蜂将花蜜存入蜂巢中浓缩酝酿的产物，花的种类不同，其味道和香气也不同。推荐使用纯度为 100% 的天然蜂蜜。

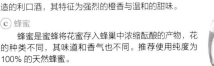

# 黑加仑焦糖香蕉蛋糕

## [材料]（用于 1 个 18 厘米磅蛋糕模具）

黑加仑果酱
|  冷冻黑加仑   60 克
|  细砂糖   18 克
|  水   1 茶匙
无盐黄油   70 克
细砂糖   60 克
鸡蛋   1 个（60 克）
香蕉   40 克
材料 A
|  低筋面粉   70 克
|  泡打粉   1/2 茶匙
市面上贩卖的焦糖味奶糖（如图 a）  15~20 克

## [事前准备]

○软化无盐黄油至常温（约 25℃）。
○将鸡蛋放置至常温（约 25℃），用叉子打散蛋液。
○用叉子背面将香蕉碾压成泥状。
○简单切一下焦糖味奶糖。
○混合材料 A 并过筛。
○在模具中铺上烘焙油纸（见第 9 页）。
○算好时间，将烤箱预热至 200℃。

> **要点**
> ○黑加仑果酱的酸味与焦糖味奶糖的甜味混合得刚刚好，使蛋糕的口感更为清爽。使用现成的焦糖味奶糖也比较方便。
> ○焦糖味奶糖和黑加仑果酱烤制时碰到模具会弹开，容易导致蛋糕变形，因此要放在距离模具 2 厘米左右的位置。
> ○可以使用市面上贩卖的果酱代替黑加仑果酱，比如口味偏酸的树莓果酱和蓝莓果酱、柑橘类的橘皮果酱和葡萄柚果酱也都比较合适。

### 适合与香蕉蛋糕搭配的食材

香蕉本身就带有一定甜味，因此适合使用味道上与其互补的食物与之搭配。

黑加仑、树莓、柠檬等酸味较强的食物最佳。其次是带有苦味的食物，比如核桃、开心果、杏仁等坚果类，还有巧克力和速溶咖啡等。无论是加入多种酸味食物、多种苦味食物还是将两种口味进行组合，口味都不错。各位可以试着开发属于自己的食谱。

## [做法]

1  制作黑加仑果酱。将制作黑加仑果酱的材料全部放入小锅，简单搅拌后用中火煮 4~5 分钟，过程中用木铲不时搅动一下（如图 b）。当混合物变得黏稠时关火，倒入耐热的打蛋盆中冷却。从中取出 20 克，与剩余混合物分开盛放。

2  在打蛋盆中放入无盐黄油和细砂糖，用橡胶刮刀搅拌，使细砂糖完全溶解。

3  用电动搅拌器高速搅拌上述混合物 3 分钟左右，过程中使其充分与空气接触。

4  分 5 次加入蛋液，每次都用电动搅拌器低速搅拌 10 秒左右，之后再高速搅拌，直至搅拌均匀。

5  加入香蕉，用橡胶刮刀轻轻搅拌均匀。

6  加入混合物 A，单手转动打蛋盆，同时从底部向上大幅翻动 25~30 次，等面糊表面没有浮粉、变得平整即可。

7  加入 20 克步骤 1 中的黑加仑果酱，按照同样的手法搅拌 2~3 次，无须搅拌均匀（如图 c）。

8  在较小的打蛋盆中放入焦糖味奶糖和步骤 1 中剩余的黑加仑果酱，简单搅拌一下（如图 d）。

9  将步骤 7 中的面糊倒 1/3 进模具，用勺子背面抹平表面（如图 e）。再倒入 1/2 步骤 8 中的混合物，周围留有 2 厘米左右的空隙（如图 f）。重复一次上述操作，再倒入步骤 7 中剩余的混合物，抹平表面（如图 g）。烤箱预热完毕后，等温度降至 180℃时放入模具，烘烤 35 分钟左右。

10  等蛋糕表面裂开的部分略带焦色后，用竹签戳一下，如无液体残留就说明烤好了。将蛋糕连同烘焙油纸从模具中取出，放在晾网上冷却。

ⓐ 焦糖味奶糖
焦糖味奶糖是一种将糖稀、砂糖、炼乳、黄油熬煮后加入香料的软糖，加入面糊中可以增强甜度和口感。

# 核桃肉桂香蕉蛋糕

## 特色风味

香料和香草的加入，
为香蕉的风味增添更多选择。
精致而优雅的装饰，
让你的蛋糕和甜品店里的
一样诱人。

# 迷迭香青柠香蕉蛋糕

小豆蔻柠檬香蕉蛋糕

红茶香蕉蛋糕

27

# 核桃肉桂香蕉蛋糕

[ 材料 ]（用于 1 个 18 厘米磅蛋糕模具）

无盐黄油　70 克
细砂糖　30 克
红糖　30 克
鸡蛋　1 个（60 克）
香蕉　35 克 +45 克
材料 A
　低筋面粉　80 克
　泡打粉　1/2 茶匙
　肉桂粉　1/2 茶匙
烤核桃　30 克 +10 克

[ 事前准备 ]

○软化无盐黄油至常温（约 25℃）。
○将鸡蛋放置至常温（约 25℃），用叉子打散蛋液。
○用手将烤核桃掰成小块。
○用叉子背面将 35 克香蕉碾压成泥状。剩下 45 克香蕉用叉子背面简单碾压一下，碾成不超过 1 厘米宽的块状即可。
○混合材料 A 并过筛。
○在模具中铺上烘焙油纸（见第 9 页）。
○算好时间，将烤箱预热至 200℃。

[ 做法 ]

1 在打蛋盆中放入软化后的无盐黄油、细砂糖和红糖，用橡胶刮刀搅拌，使糖类完全溶解。

2 用电动搅拌器高速搅拌上述混合物 3 分钟左右，过程中使其充分与空气接触。

3 分 5 次加入蛋液，每次都用电动搅拌器低速搅拌 10 秒左右，之后再高速搅拌，直至搅拌均匀。

4 加入 35 克香蕉泥，用橡胶刮刀轻轻搅拌均匀。

5 加入混合物 A，单手转动打蛋盆，同时从底部向上大幅翻动 20 次左右，等到仅残留一些浮粉时即可。

6 加入 45 克香蕉块和 30 克烤核桃块，按照同样的手法搅拌 5~10 次。等面糊表面没有浮粉、变得平整即可。

7 将步骤 6 中的面糊倒入模具，把模具底部放在工作台上敲打 2~3 下，使面糊表面变得平整，撒上剩余的 10 克烤核桃块。烤箱预热完毕后，等温度降至 180℃时放入模具，烘烤 35 分钟左右。

8 等蛋糕表面裂开的部分略带焦色后，用竹签戳一下，如无液体残留就说明烤好了。将蛋糕连同烘焙油纸从模具中取出，放在晾网上冷却。

要点　○香蕉的甜味、肉桂的香味和核桃的苦味得到了完美的平衡。
○喜欢吃糖的人可以单用细砂糖或者单用红糖，这时糖的重量为 60 克。
○将烤核桃加入面糊及用于装饰，能让蛋糕的口感富有变化性，更添香味。

# 迷迭香青柠香蕉蛋糕

[ 材料 ]（用于 1 个 18 厘米磅蛋糕模具）

无盐黄油　70 克
细砂糖　60 克
鸡蛋　1 个（60 克）
青柠皮　1 个青柠的分量
香蕉　35 克 +45 克
材料 A
　低筋面粉　80 克
　泡打粉　1/2 茶匙
迷迭香 2 段
糖霜
　糖粉　4 汤匙
　青柠汁　1 茶匙半

[ 事前准备 ]

○除去烤核桃的部分，其余准备工作和上述核桃肉桂香蕉蛋糕基本相同。
○刮取青柠皮碎屑，加入鸡蛋液搅拌均匀。
○摘除迷迭香的叶子后切碎。

[ 做法 ]

1 按照上述核桃肉桂香蕉蛋糕的步骤 1~8 进行制作。但在步骤 1 中不要加入红糖，在步骤 6 中用迷迭香代替烤核桃，在步骤 7 中不用撒上烤核桃块。

2 制作糖霜。将糖粉用茶壶滤网过筛后放入打蛋盆，一点点加入青柠汁，用勺子等充分搅拌。舀起来后慢慢地倒回去，等倒回去后需要 2~3 秒和原有糖霜融为一体时的状态刚刚好。

3 等步骤 1 中烤好的蛋糕冷却后，剥下烘焙油纸，用勺子舀起步骤 2 中的糖霜涂在蛋糕顶部，适当撒上一些额外的迷迭香叶子，放入预热至 200℃的烤箱内加热 1 分钟后，放在晾网上晾干。

要点　○迷迭香与青柠组合在一起能让蛋糕的味道变得清新舒爽。
○可以用柠檬代替青柠，味道也不错。
○用烤箱稍微加热烤干一下糖霜能起到固定的作用。
○可以选择自己喜欢的方法制作糖霜，或者参考下一页。

# 小豆蔻柠檬香蕉蛋糕

## [ 材料 ]（用于 1 个 18 厘米磅蛋糕模具）

无盐黄油　70 克
细砂糖　60 克
鸡蛋　1 个（60 克）
柠檬皮　1/2 个柠檬的分量
香蕉　35 克 + 45 克
材料 A
　低筋面粉　80 克
　泡打粉　1/2 茶匙
　豆蔻粉（如图 a）　1/2 茶匙
烤核桃　20 克
糖霜
　糖粉　4 汤匙
　柠檬汁　1 茶匙半

## [ 事前准备 ]

○ 和第 28 页核桃肉桂香蕉蛋糕相同。
○ 刮取柠檬皮碎屑（如图 b），加入蛋液搅拌均匀。

**a 豆蔻粉**
　豆蔻粉被称为香料界的女王，原产于印度，清凉的香味是它的特征。经常用于烘烤类糕点、咖喱以及肉类。

## [ 做法 ]

1 按照第 28 页核桃肉桂香蕉蛋糕的步骤 1~8 进行制作。但在步骤 1 中不要加入红糖，在步骤 6 中加入全部烤核桃块，在步骤 7 中不用撒上烤核桃块。

2 制作糖霜。将糖粉用茶壶滤网过筛后放入打蛋盆，一点点加入柠檬汁，用勺子等充分搅拌（如图 c）。舀起来后慢慢地倒回去，等倒回去后需要 2~3 秒和原有糖霜融为一体时的状态刚刚好（如图 d）。

3 等步骤 1 中烤好的蛋糕冷却后，剥下烘焙油纸，用勺子舀起步骤 2 中的糖霜涂在蛋糕顶部（如图 e），放入预热至 200℃的烤箱内加热 1 分钟后，放在晾网上晾干。

**要点**　○ 小豆蔻高雅的香味与柑橘类清爽的口感十分般配。
○ 要选择不使用农药且未经过农产品保质处理的柠檬刮取果皮碎屑。

# 红茶香蕉蛋糕

## [ 材料 ]（用于 1 个 18 厘米磅蛋糕模具）

无盐黄油　70 克
细砂糖　60 克
鸡蛋　1 个（60 克）
香蕉　35 克 + 45 克
材料 A
　低筋面粉　80 克
　泡打粉　1/2 茶匙
　格雷伯爵红茶茶叶（如图 a）　4 克
糖霜
　糖粉　2 汤匙
　口味较浓的格雷伯爵红茶茶水　不到 1 茶匙

## [ 事前准备 ]

○ 除去烤核桃的部分，其余准备工作和第 28 页核桃肉桂香蕉蛋糕基本相同。
○ 将格雷伯爵红茶茶叶用保鲜膜包起来，用擀面杖将其研磨碎（如图 b 和图 c）。

**a 格雷伯爵茶**
　格雷伯爵红茶是一种带有柠檬清香的调味茶，它的名字来源于英国政治家格雷伯爵。其香味明显，适宜为烘烤类糕点增添风味。

## [ 做法 ]

1 按照第 28 页核桃肉桂香蕉蛋糕的步骤 1~8 进行制作。但在步骤 1 中不要加入红糖，在步骤 6 和步骤 7 中去除烤核桃的部分。

2 制作糖霜。将糖粉用茶壶滤网过筛后放入打蛋盆，一点点加入茶水，用勺子等充分搅拌。舀起来后慢慢地倒回去，等倒回去后需要 5 秒和原有糖霜融为一体时的状态刚刚好。

3 等步骤 1 中烤好的蛋糕冷却后，剥下烘焙油纸，将步骤 2 中的糖霜倒进锥形纸筒（参见第 14 页），从顶部挤出（如图 d）。放入预热至 200℃的烤箱内加热 1 分钟后，放在晾网上晾干。

29

**要点**　○ 将茶叶磨碎后使用可以优化它的口感，也可以用烘焙专用的碎茶。
○ 将 1 茶匙茶叶倒入 1 汤匙热水中，焖 5 分钟后过滤，茶水便可用于制作糖霜。由于茶水较浓，所以香气也馥郁芬芳。
○ 用锥形圆筒挤糖霜时，叠得稍微硬点，过程就更加容易。

## 水果风味

香蕉不是蛋糕的馅料，
而是一部分糖分来源。
因此就可以用其他与之相称的水果，
作为蛋糕的主要馅料。
天然的甜味搭配在一起，
可谓一种享受。

苹果枫糖香蕉蛋糕

30

# 浆果开心果香蕉蛋糕

# 苹果枫糖香蕉蛋糕

**[ 材料 ]**（用于 1 个 18 厘米磅蛋糕模具）

枫糖煮苹果

| 苹果　1/2 个（100 克）
| 枫糖（如图 a）　1 汤匙
| 柠檬汁　1 茶匙
| 白兰地（条件允许时）　1/2 汤匙

奶酥粒

| 无盐黄油　20 克
| 枫糖　20 克
| 低筋面粉　20 克
| 杏仁粉　20 克

无盐黄油　70 克

枫糖　60 克

鸡蛋　1 个（60 克）

香蕉　40 克

材料 A

| 低筋面粉　70 克
| 泡打粉　1/2 茶匙

苹果（纵向切片，不削皮）（如图 b）　4 片

**[ 事前准备 ]**

○软化无盐黄油至常温（约 25℃），用于制作奶酥粒的无盐黄油可以保持低温状态。
○将鸡蛋放置至常温（约 25℃），用叉子打散蛋液。
○用叉子背面将香蕉碾压成泥状。
○混合材料 A 并过筛。
○在模具中铺上烘焙油纸（见第 9 页）。
○算好时间，将烤箱预热至 200℃。

---

要点　○加入枫糖后，蛋糕的味道就会变得柔和，这种温润的风味让香蕉和苹果的味道更加突出。没有枫糖时可以用红糖代替。
○用枫糖煮苹果时，尽量选择不容易变形的红玉苹果和富士苹果。
○当有孩子食用，需要保证无酒精时，用枫糖煮苹果时可以不加入白兰地。

---

**[ 做法 ]**

1 用枫糖煮苹果。苹果削皮后切成宽约 1 厘米的块状，倒入小锅中。加入枫糖和柠檬汁，用木铲轻轻搅拌，小火加热（如图 c），盖上锅盖煮 5~10 分钟（如图 d）。

2 取下锅盖加入白兰地，转为中火加热去除水分后，转移至托盘放置冷却（如图 e）。这样枫糖煮苹果就完成了。

3 制作奶酥粒。在打蛋盆中放入所有制作奶酥粒的材料，用手简单搅拌一下粉状材料，一边揪下无盐黄油一边裹上粉。当把无盐黄油掰成小块后，用手指快速搅拌均匀。等到无盐黄油呈酥松状后，放入冷冻室冷冻加固。

4 在另一个打蛋盆中放入软化后的无盐黄油和细砂糖，用橡胶刮刀搅拌，使细砂糖完全溶解。

5 用电动搅拌器高速搅拌上述混合物 3 分钟左右，过程中使其充分与空气接触。

6 分 5 次加入蛋液，每次都用电动搅拌器低速搅拌 10 秒左右，之后再高速搅拌，直至搅拌均匀。

7 加入香蕉泥，用橡胶刮刀轻轻搅拌均匀。

8 加入混合物 A，单手转动打蛋盆，同时从底部向上大幅翻动 20 次左右，等到仅残留一些浮粉时即可。

9 加入步骤 2 中的枫糖煮苹果，按照同样的手法搅拌 5~10 次。等面糊表面没有浮粉、变得平整即可。

10 将步骤 9 中的面糊倒入模具，把模具底部放在工作台上敲打 2~3 下，使面糊表面变得平整。将苹果薄片斜着摆放在面糊上，然后将步骤 3 中的所有奶酥粒都填满剩余位置。烤箱预热完毕后，等温度降至 180℃时放入模具，烘烤 35 分钟左右。

11 等奶酥粒略带焦色后，用竹签戳一下，如无液体残留就说明烤好了。将蛋糕连同烘焙油纸从模具中取出，放在晾网上冷却。

ⓐ 枫糖
　　枫糖是将糖枫树的树液煮干熬制出的产物，具有高雅的甜味和独特的香味，富含钙和钾等矿物元素。

ⓑ
ⓒ
ⓓ
ⓔ

# 浆果开心果香蕉蛋糕

[ 材料 ]（用于 1 个 18 厘米磅蛋糕模具）

无盐黄油　70 克
细砂糖　60 克
鸡蛋　1 个（60 克）
香蕉　40 克
冷冻混合浆果（如图 a）　40 克
材料 A
　低筋面粉　80 克
　泡打粉　1/2 茶匙
烤开心果　10 克

[ 事前准备 ]

○用厨房用纸将冷冻混合浆果表面的冰擦拭干净
（如图 b），切成便于食用的大小（如图 c），放入
冷冻室。
○软化无盐黄油至常温（约 25℃）。
○将鸡蛋放置至常温（约 25℃），用叉子打散蛋液。
○简单切一下烤开心果。
○用叉子背面将香蕉碾压成泥状。
○混合材料 A 并过筛。
○在模具中铺上烘焙油纸（见第 9 页）。
○算好时间，将烤箱预热至 200℃。

[ 做法 ]

1　在打蛋盆中放入软化后的无盐黄油和细砂糖，用橡胶刮刀搅拌，使细砂糖完全溶解。

2　用电动搅拌器高速搅拌上述混合物 3 分钟左右，过程中使其充分与空气接触。

3　分 5 次加入蛋液，每次都用电动搅拌器低速搅拌 10 秒左右，之后再高速搅拌，直至搅拌均匀。

4　加入香蕉泥，用橡胶刮刀轻轻搅拌均匀。

5　在较小的打蛋盆中放入混合浆果，取 1 汤匙混合物 A，用勺子等快速搅拌均匀（如图 d）。

6　在步骤 4 中的打蛋盆中加入剩余的混合物 A，单手转动打蛋盆，同时用橡胶刮刀从底部向上大幅翻动 20 次左右，等到仅残留一些浮粉时即可。

7　加入步骤 5 中的混合浆果以及烤开心果，按照同样的手法搅拌 5 次左右。等面糊表面没有浮粉、变得平整即可。

8　将步骤 7 中的面糊倒入模具，把模具底部放在工作台上敲打 2~3 下，使面糊表面变得平整。烤箱预热完毕后，等温度降至 180℃时放入模具，烘烤 35 分钟左右。

9　等蛋糕表面裂开的部分略带焦色后，用竹签戳一下，如无液体残留就说明烤好了。将蛋糕连同烘焙油纸从模具中取出，放在晾网上冷却。

ⓑ

ⓒ

ⓓ

### 在香蕉蛋糕中加入水果时的注意点

　　水果，尤其是冷冻水果非常容易出水，直接加入面糊很容易导致面糊松散，因此需要提前一段时间取出。在冷冻状态下用少量粉状材料裹在外层，防止多余水分溢出，在烘焙过程中水果也不会下沉，保持整体分布平衡。
　　也可以使用果酱和蜜饯来代替新鲜水果。将它们与糖类一起煮至沸腾后，多余的水分就会蒸发。尤其果酱很容易就能在面糊中搅拌均匀，烘烤时也不会受热不均。

要点　○浆果在法语中的意思是"红色水果"，也就是混合浆果。浆果增加了蛋糕的酸度和甜度，有一种清爽的味道。深绿色的开心果使蛋糕切面更加精美。
○既可以选用混合浆果，也可以只使用一种浆果。
○如果没有事先烤过开心果，需要将蛋糕在预热至 160℃的烤箱中烘烤 5 分钟。

ⓐ 冷冻混合浆果
　　本次使用的浆果为蓝莓、树莓、黑莓和草莓 4 种，有时也会加入红加仑和蔓越莓。

杜果椰丝香蕉蛋糕

蓝莓芝士香蕉蛋糕

# 杧果椰丝香蕉蛋糕

## [ 材料 ]
（用于 1 个 18 厘米磅蛋糕模具）

杧果香蕉果酱
| 香蕉　20 克
| 冷冻杧果　60 克
| 细砂糖　15 克
| 柠檬汁　1/2 汤匙
无盐黄油　70 克
细砂糖　60 克
鸡蛋　1 个（60 克）
香蕉　40 克
材料 A
| 低筋面粉　70 克
| 泡打粉　1/2 茶匙
椰丝（如图 a）　10 克 + 5 克

## [ 事前准备 ]

○ 软化无盐黄油至常温（约 25℃）。
○ 将鸡蛋放置至常温（约 25℃），用叉子打散蛋液。
○ 用叉子背面将用于面糊的 40 克香蕉碾压成泥状。
○ 混合材料 A 并过筛。
○ 在模具中铺上烘焙油纸（见第 9 页）。
○ 算好时间，将烤箱预热至 200℃。

> 要点　○为保证果酱中杧果的口感，在煮果酱时可以不用将杧果碾压得太碎，稍微留有一些块状，大小差不多就行。
> ○果酱太稀会导致蛋糕松散，这时需要先放入冷冻室中冷冻加固，用以调节硬度。
> ○果酱碰到模具时会弹开，容易导致蛋糕变形，因此涂果酱时要尽量远离模具。

ⓐ 椰丝
　椰丝的原料为热带地区栽种的椰树。将椰子的果肉剥下后晒干，切成长 1~2 厘米的条状后完成了。独特的香甜气息与口感是它的特征。

# 蓝莓芝士香蕉蛋糕

## [ 材料 ]（用于 1 个 18 厘米磅蛋糕模具）

无盐黄油　70 克
细砂糖　60 克
鸡蛋　1 个（60 克）
香蕉　40 克 + 20 克
材料 A
| 低筋面粉　70 克
| 泡打粉　1/2 茶匙
蓝莓　40 克
奶油芝士（如图 a）　30 克

> 要点　○放在冰箱冷藏室里冷藏一段时间后再吃，就有种芝士蛋糕的味道。
> ○也可以选用冷冻蓝莓做食材，但在装饰时新鲜蓝莓的颜色更美观。

## [ 做法 ]

1　制作杧果香蕉果酱。先将香蕉切成 1 厘米宽的小块。接着在小锅中放入冷冻杧果、细砂糖和柠檬汁，用中火加热 5 分钟，过程中用木铲搅拌，同时将杧果大致压碎（如图 b）。

2　等水分去除、混合物变得黏稠时（如图 c），加入香蕉后快速搅拌，直至沸腾。关火后，倒入打蛋盆中冷却（如图 d）。这样杧果香蕉果酱就做好了。

3　在打蛋盆中放入软化后的无盐黄油和细砂糖，用橡胶刮刀搅拌，使细砂糖完全溶解。

4　用电动搅拌器高速搅拌上述混合物 3 分钟左右，过程中使其充分与空气接触。

5　分 5 次加入蛋液，每次都用电动搅拌器低速搅拌 10 秒左右，之后再高速搅拌，直至搅拌均匀。

6　加入香蕉泥，用橡胶刮刀轻轻搅拌均匀。

7　加入混合物 A 和 10 克椰丝，单手转动打蛋盆，同时从底部向上大幅翻动 25~30 次，等面糊表面没有浮粉、变得平整即可。

8　将步骤 7 中的面糊倒 1/3 进模具，用勺子背面抹平表面。再倒入 1/2 步骤 2 中的杧果香蕉果酱，周围留有 2 厘米左右的空隙。重复一次上述操作，再倒入剩余的步骤 7 的混合物，抹平表面。再撒上剩余的 5 克椰丝。烤箱预热完毕后，等温度降至 180℃ 时放入模具，烘烤 35 分钟左右。

9　等蛋糕表面裂开的部分略带焦色后，用竹签戳一下，如无液体残留就说明烤好了。将蛋糕连同烘焙油纸从模具中取出，放在晾网上冷却。

## [ 事前准备 ]

○ 和上述杧果椰丝香蕉蛋糕基本相同，只是有 40 克香蕉需用叉子背面碾成泥状，剩余 20 克需要切成宽度 1 厘米的块状。

## [ 做法 ]

1　按照上述杧果椰丝香蕉蛋糕的步骤 3~9 进行制作。但在步骤 6 中需加入 40 克香蕉泥，在步骤 7 和 8 中去除椰丝的部分，在步骤 8 中用蓝莓和香蕉块代替杧果香蕉果酱。用手将奶油芝士随意揪下，每次取用 1/2 的量铺在面糊上（如图 b）。

ⓐ 奶油芝士
　奶油芝士是由鲜奶油或者鲜奶油与牛奶制成的非熟成软质芝士。其特征为纹理细腻、口感润滑、酸味恰到好处。

# 日本风味

加入熟悉的日式素材,
让更多的人喜欢这些糕点。
拥有迷人绿色的抹茶,
具备日式点心风味的酒糟,
豆类的叠加与组合,
无不惹人喜爱。

抹茶香蕉蛋糕

36

**酒糟香蕉蛋糕**

**豆馅豆粉香蕉蛋糕**

37

# 抹茶香蕉蛋糕

## [ 材料 ]（用于 1 个 18 厘米磅蛋糕模具）

无盐黄油　70 克
细砂糖　60 克
鸡蛋　1 个（60 克）
材料 A
  | 低筋面粉　70 克
  | 泡打粉　1/2 茶匙
抹茶粉（如图 a）　1 茶匙半
香蕉　20 克 + 40 克

## [ 事前准备 ]

○软化无盐黄油至常温（约 25℃）。
○将鸡蛋放置至常温（约 25℃），用叉子打散蛋液。
○用叉子背面将 20 克香蕉碾压成泥状，将剩下 40 克香蕉切成 1 厘米宽的块状。
○混合材料 A 并过筛。
○在模具中铺上烘焙油纸（见第 9 页）。
○算好时间，将烤箱预热至 200℃。

## [ 做法 ]

1 在打蛋盆中放入软化后的无盐黄油和细砂糖，用橡胶刮刀搅拌，使细砂糖完全溶解。

2 用电动搅拌器高速搅拌上述混合物 3 分钟左右，过程中使其充分与空气接触。

3 分 5 次加入蛋液，每次都用电动搅拌器低速搅拌 10 秒左右，之后再高速搅拌，直至搅拌均匀。

4 加入混合物 A，单手转动打蛋盆，同时用橡胶刮刀从底部向上大幅翻动 20 次左右，等到仅残留一些浮粉时即可。

5 取出 100 克步骤 4 中的面糊放入另一个打蛋盆，将 1/2 的抹茶粉用茶壶滤网过筛后加入打蛋盆（如图 b），按照同样的手法搅拌 10 次左右（如图 c）。将剩余的抹茶粉用茶壶滤网过筛后加入打蛋盆，按照同样的手法搅拌 15 次左右。等面糊表面没有浮粉、变得平整时（如图 d），加入 20 克香蕉块（如图 e），大幅搅拌 2~3 次（如图 f）。

6 加入 20 克香蕉泥，按照同样的手法搅拌 5~10 次。等面糊表面没有浮粉、变得平整时，加入 20 克剩余的香蕉块（如图 h），大幅搅拌 2~3 次。

7 将步骤 5 中的面糊加入步骤 6 中的打蛋盆中（如图 i），按照同样的手法搅拌 2~3 次（如图 j）。

8 将步骤 7 中的面糊倒入模具，把模具底部放在工作台上敲打 2~3 下，使面糊表面变得平整。烤箱预热完毕后，等温度降至 180℃时放入模具，烘烤 35 分钟左右。

9 等蛋糕表面裂开的部分略带焦色后，用竹签戳一下，如无液体残留就说明烤好了。将蛋糕连同烘焙油纸从模具中取出，放在晾网上冷却。

38

(b) (c) (d)

(e) (f) (g)

要点　○抹茶不仅回味悠长，颜色对比也颇具美感。
　　　○抹茶粉容易结块，因此要分两次加入，每次都要搅拌均匀。
　　　○要想烤出的大理石纹更美观，就不能过度搅拌原有面糊和加了抹茶粉的面糊，搅拌 2~3 次即可。

(h) (i) (j)

(a) 抹茶粉
　　抹茶粉是将经过一定日照后培育出的蒸青绿茶用石磨磨成的粉末。蛋糕中使用的抹茶粉容易显色，风味绝佳。我使用的是一保堂茶铺的"初昔"。

# 酒糟香蕉蛋糕

## [ 材料 ]（用于 1 个 18 厘米磅蛋糕模具）

无盐黄油　70 克
细砂糖　50 克
鸡蛋　1 个（60 克）
酒糟颗粒（如图 a）　20 克
牛奶　2 茶匙
香蕉　30 克 + 40 克

材料 A
　低筋面粉　70 克
　泡打粉　1/2 茶匙

## [ 事前准备 ]

○软化无盐黄油至常温（约 25℃）。
○将鸡蛋放置至常温（约 25℃），用叉子打散蛋液。
○在耐热的打蛋盆中放入酒糟和牛奶，不要用保鲜膜包裹，直接在微波炉中加热 5~10 秒后搅拌均匀。
○用叉子背面将 30 克香蕉碾压成泥状，将剩下 40 克香蕉切成 1 厘米宽的块状。
○混合材料 A 并过筛。
○在模具中铺上烘焙油纸（见第 9 页）。
○算好时间，将烤箱预热至 200℃。

## [ 做法 ]

1　在打蛋盆中放入软化后的无盐黄油和细砂糖，用橡胶刮刀搅拌，使细砂糖完全溶解。

2　用电动搅拌器高速搅拌上述混合物 3 分钟左右，过程中使其充分与空气接触。

3　分 5 次加入蛋液，每次都用电动搅拌器低速搅拌 10 秒左右，之后再高速搅拌，直至搅拌均匀。

4　在搅拌后的牛奶和酒糟颗粒中分 2 次加入 2 汤匙步骤 3 中的混合物，每次都用橡胶刮刀搅拌均匀。

5　在步骤 3 中的打蛋盆中加入步骤 4 中的混合物以及 30 克香蕉泥，用橡胶刮刀轻轻搅拌均匀。

6　加入混合物 A，单手转动打蛋盆，同时从底部向上大幅翻动 20 次左右，等到仅残留一些浮粉时即可。

7　加入 40 克宽约 1 厘米的香蕉块，按照同样的手法搅拌 5~10 次。等面糊表面没有浮粉、变得平整即可。

8　将步骤 7 中的面糊倒入模具，把模具底部放在工作台上敲打 2~3 下，使面糊表面变得平整。烤箱预热完毕后，等温度降至 180℃ 时放入模具，烘烤 35 分钟左右。

9　等蛋糕表面裂开的部分略带焦色后，用竹签戳一下，如无液体残留就说明烤好了。将蛋糕连同烘焙油纸从模具中取出，放在晾网上冷却。

> 要点　○酒糟独特的香气甘甜芬芳，蛋糕口感水润，冷藏后食用也美味无比。
> ○如选择颗粒状酒糟，需和牛奶搅拌后使用。如使用液态酒糟，则不需要加牛奶，重量改为 30 克。
> ○先在面糊中混入少量酒糟，便于后续搅拌均匀。

ⓐ 酒糟
　酿造清酒时，原料发酵后经过滤形成清酒，剩余的酒渣即为酒糟，其中富含维生素与植物纤维。

---

# 豆馅豆粉香蕉蛋糕

## [ 材料 ]（用于 1 个 18 厘米磅蛋糕模具）

无盐黄油　70 克
红糖　40 克
鸡蛋　1 个（60 克）
香蕉　40 克 + 20 克
豆馅（如图 a）　100 克
朗姆酒（条件允许时）　1 茶匙

A
　低筋面粉　40 克
　豆粉（如图 b）　30 克
　泡打粉　1/2 茶匙

## [ 事前准备 ]

○和上述酒糟香蕉蛋糕基本相同，只是 40 克的香蕉需用叉子背面碾成泥状，剩余 20 克需要切成宽度 1 厘米的块状。不需要加入酒糟和牛奶。
○在豆馅上浇上朗姆酒搅拌。

## [ 做法 ]

1　按照上述酒糟香蕉蛋糕的步骤 1~9 进行制作。但在步骤 1 中用红糖代替细砂糖，跳过步骤 4，在步骤 5 中加入 40 克香蕉泥和 20 克豆馅。在步骤 6 中搅拌 25~30 次，等面糊表面没有浮粉、变得平整即可。在步骤 7 中加入 20 克香蕉块和剩余 80 克豆馅，大幅搅拌 2~3 次。

> 要点　○豆馅可以增强口感，但也能用豆沙代替。
> ○各位可以根据自己的喜好，在烤好的香蕉蛋糕表面涂上 1 茶匙朗姆酒，这样不仅能增添香气，蛋糕也变得更水润，口感绝佳。或撒上核桃以及用朗姆酒腌制过的干无花果，同样非常美味。
> ○当有孩子食用，需要保证无酒精时，可以不用在豆馅中加入朗姆酒。

ⓐ 豆馅
　红豆不去皮，直接碾压之后就成了豆馅，其中还留有红豆的口感。不同品牌的甜度不同，各位可按照自己的喜好选择。

ⓑ 豆粉
　将大豆研磨成粉末后就成了豆粉。由于大豆的种类不同，豆粉也分为黄色和绿色。其中黄色居多，在日式甜点中经常使用。

## 成熟风味

香蕉的甜味，
其实与酒非常般配。
在蛋糕里加入朗姆酒
和白兰地之后，
便多了一种成熟风味。

40

# 朗姆酒葡萄干香蕉蛋糕

# 白兰地无花果干香蕉蛋糕

〜

# 糖渍橘皮榛果香蕉蛋糕

〜

# 朗姆酒葡萄干香蕉蛋糕

[材料]（用于1个18厘米磅蛋糕模具）

无盐黄油　70克
细砂糖　60克
鸡蛋　1个（60克）
香蕉　40克
材料A
　低筋面粉　70克
　泡打粉　1/2茶匙
朗姆酒葡萄干
　葡萄干（如图a）40克
　朗姆酒（如图b）1汤匙

[事前准备]

○制作朗姆酒葡萄干。用热水冲泡葡萄干（如图c）之后沥干，用厨房用纸将其表面的水擦拭干净（如图d）。让葡萄干浸泡在朗姆酒中（如图e）3小时以上，保证不超过一晚上即可。沥干后简单切一下。
○软化无盐黄油至常温（约25℃）。
○将鸡蛋放置至常温（约25℃），用叉子打散蛋液。
○用叉子背面将香蕉碾压成泥状。
○混合材料A并过筛。
○在模具中铺上烘焙油纸（见第9页）。
○算好时间，将烤箱预热至200℃。

[做法]

1 在打蛋盆中放入软化后的无盐黄油和细砂糖，用橡胶刮刀搅拌，使细砂糖完全溶解。

2 用电动搅拌器高速搅拌上述混合物3分钟左右，过程中使其充分与空气接触。

3 分5次加入蛋液，每次都用电动搅拌器低速搅拌10秒左右，之后再高速搅拌，直至搅拌均匀。

4 加入香蕉泥，用橡胶刮刀轻轻搅拌均匀。

5 加入混合物A，单手转动打蛋盆，同时从底部向上大幅翻动20次左右，等到仅残留一些浮粉时即可。

6 加入朗姆酒葡萄干，按照同样的手法搅拌5~10次。等面糊表面没有浮粉、变得平整即可。

7 将步骤6中的面糊倒入模具，把模具底部放在工作台上敲打2~3下，使面糊表面变得平整。烤箱预热完毕后，等温度降至180℃时放入模具，烘烤35分钟左右。

8 等蛋糕表面裂开的部分略带焦色后，用竹签戳一下，如无液体残留就说明烤好了。将蛋糕连同烘焙油纸从模具中取出，放在晾网上冷却。

要点　○香蕉的甜味与朗姆酒葡萄干的味道十分般配。朗姆酒能提升食材整体的味道，起到平衡作用。
○如有时间，最好提前一晚上腌制朗姆酒葡萄干。也可以使用市面上贩卖的朗姆酒葡萄干。

ⓐ 葡萄干
葡萄干是将完全成熟的葡萄果实晒干后获得的。由于酸味有所减少，吃起来更舒服。经常用于制作糕点和面包。富含铁和钙元素。

ⓑ 朗姆酒
朗姆酒是以甘蔗为原料酿造的蒸馏酒。可分为黑朗姆、金朗姆和白朗姆，味道和香气各不相同。制作糕点时多使用黑朗姆。

### 酒类小常识

利口酒经常用于制作糕点以增加香味，稍微加一点就能使糕点的风味产生质的飞跃。本书中使用的酒类为柑曼怡、白兰地、朗姆酒和樱桃白兰地。它们与水果干或者罐装水果搭配，可以提升食材原有的味道。
柑曼怡适合柑橘类，白兰地适合各类水果干，朗姆酒适合葡萄干和栗子，樱桃白兰地适合浆果类。要是在准备制作糕点时就打算买全材料，最好选择白兰地和樱桃白兰地。

# 白兰地无花果干香蕉蛋糕

## [ 材料 ]

（用于 1 个 18 厘米磅蛋糕模具）

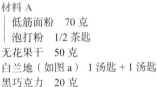

无盐黄油　70 克
细砂糖　60 克
鸡蛋　1 个（60 克）
香蕉　40 克
材料 A
　| 低筋面粉　70 克
　| 泡打粉　1/2 茶匙
无花果干　50 克
白兰地（如图 a）　1 汤匙 + 1 汤匙
黑巧克力　20 克

## [ 事前准备 ]

○用热水冲泡无花果干直至表面泡软，沥干后切成宽约 1 厘米的块状。加入 1 汤匙白兰地，浸泡 3 小时以上，保证不超过一晚上即可。

○和第 42 页的朗姆酒葡萄干香蕉蛋糕基本相同，只是不需要加入朗姆酒葡萄干。

○简单切一下黑巧克力。

## [ 做法 ]

1 按照第 42 页朗姆酒葡萄干香蕉蛋糕的步骤 1~8 进行制作。但是在步骤 6 中，用白兰地腌制过的无花果干块与黑巧克力代替朗姆酒葡萄干。在步骤 8 中，蛋糕烤好后应趁热剥下烘焙油纸，将剩余的 1 汤匙白兰地涂在侧面，迅速用保鲜膜包好，放置冷却。

> 要点　○无花果干不仅与黑巧克力十分般配，口感也极佳。
> ○一定要趁热涂白兰地，因为冷却后就很难吸收了。这样做不会让多余的水分蒸发，还能保持蛋糕水分充足。用保鲜膜包住慢慢散热，不仅包住了水分，也能留住白兰地的酒香。到了第二天，白兰地的味道会完全渗透其中，尝起来温润醇香。
> ○用于装饰的巧克力为法芙娜圭那亚黑巧克力（可可含量 70%），需切成宽 5 毫米的块状，大小不一定保持一致。

ⓐ 白兰地
　　白兰地是指将葡萄发酵后制成的果酒蒸馏后，经长期贮藏而酿造的利口酒，其特征为浓郁的果香与醇厚的风味。

# 糖渍橘皮榛果香蕉蛋糕

## [ 材料 ]（用于 1 个 18 厘米磅蛋糕模具）

无盐黄油　70 克
细砂糖　60 克
鸡蛋　1 个（60 克）
香蕉　40 克
材料 A
　| 低筋面粉　70 克
　| 泡打粉　1/2 茶匙
糖渍橘皮切块（如图 a）　50 克
柑曼怡　1 汤匙 + 1 汤匙
烤榛果　20 克 + 10 克

## [ 事前准备 ]

○将糖渍橘皮浸泡在 1 汤匙的柑曼怡中腌制 3 小时以上，保证不超过一晚上即可。

○和第 42 页的朗姆酒葡萄干香蕉蛋糕基本相同，只是不需要加入朗姆酒葡萄干。

○将 20 克的烤榛果切成 4 等瓣，将剩下 10 克的烤榛果对半切。

## [ 做法 ]

1 按照第 42 页朗姆酒葡萄干香蕉蛋糕的步骤 1~8 进行制作。但是在步骤 6 中，用柑曼怡腌制过的糖渍橘皮和 20 克切成 4 等瓣的榛果代替朗姆酒葡萄干。在步骤 7 中，将剩余 10 克对半切的烤榛果撒在平整的面糊上，再将其放入烤箱。在步骤 8 中，蛋糕烤好后应趁热剥下烘焙油纸，将剩余的 1 汤匙柑曼怡涂在侧面，迅速用保鲜膜包好，放置冷却。

43

> 要点　○为了配合糖渍橘皮，我选择了柑橘味的利口酒柑曼怡，二者均具有柑橘类清爽的味道。
> ○可以把糖渍橘皮切小一点。
> ○没有柑曼怡时可以用白兰地或者樱桃白兰地代替。

ⓐ 糖渍橘皮
　　用糖腌制橘皮后即可使用，也称为橘皮蜜饯。橘子特有的清爽味道与丝丝苦涩令人回味无穷。

# 胡萝卜蛋糕

制作胡萝卜蛋糕时不需要电动搅拌器。准备好材料后，只需要按照顺序用打蛋器搅拌即可。

无须将胡萝卜磨成碎屑，这样蛋糕烤出来水分才刚刚好，不至于过于湿润。

色拉油能让蛋糕的口感更加轻盈！

胡萝卜蛋糕既可以当零食，也能作为简餐食用。

# 原味胡萝卜蛋糕

[ 材料 ]（用于1个18厘米磅蛋糕模具）

鸡蛋　1个（60克）
色拉油　60克
红糖　55克
牛奶　25毫升
胡萝卜　55克
葡萄干　25克
烤核桃　15克
椰蓉　15克
材料A
　低筋面粉　80克
　肉桂粉　1/2 茶匙
　肉豆蔻粉　1/4 茶匙
　泡打粉　1/2 茶匙
　小苏打　1/4 茶匙

[ 事前准备 ]

○将鸡蛋放置至常温（约25℃）。
→温度低的鸡蛋很难在面糊中搅拌均匀。

○用热水冲泡葡萄干后将水沥干（如图a）。
→用热水冲泡可以使葡萄干表面变软，如表面涂有油脂，
　需要将油脂也去除。

○把烤核桃掰碎（如图b）。
→大小不一定保持一致。

○用刨丝器将胡萝卜刨成较短的丝状（如图c）。
→一边称重一边刨丝比较方便。没有刨丝器时，可以用
　菜刀将胡萝卜切成长2~3厘米长的丝状。

○混合材料A并过筛（如图d）。
→放入多功能面粉筛或者孔较小的箩子里抖动即可，这
　样可以防止结块，使面糊更加润滑。这是烘焙的基础
　技能之一。

○在模具中铺上烘焙油纸（如图e）。
→方法见第9页。

○算好时间，将烤箱预热至200℃。
→不同机器预热时间不同，需要算好时间再开始预热。

[ 做法 ]

**1** 在打蛋盆中放入鸡蛋和色拉油，用打蛋器轻轻搅拌均匀（如图 a）。
　　→不要打出泡沫，只要鸡蛋和色拉油乳化融合即可。

**2** 加入红糖搅拌（如图 b），直至红糖的粗糙感消失、混合物变得黏稠即可（如图 c）。
　　→轻轻搅拌，不要打出泡沫，直至红糖的颗粒消失后即可。

**3** 加入牛奶（如图 d），简单搅拌一下（如图 e）。
　　→轻轻搅拌至均匀。

**4** 加入胡萝卜丝、葡萄干、烤核桃和椰蓉（如图 f），用橡胶刮刀轻轻搅拌均匀（如图 g）。
　　→搅拌时幅度要大，直至完全搅拌均匀。

**5** 加入混合物 A（如图 h），单手转动打蛋盆，同时从底部向上大幅翻动 20 次左右（如图 i 和图 j）。等面糊表面没有浮粉、变得平整即可（如图 k）。
　　→在打蛋盆的中央插入橡胶刮刀，按照图中指示的方向从底部翻动搅拌。同时在靠近自己的位置单手旋转打蛋盆，使整体搅拌均匀。
　　→打散面糊，同时需要不时将打蛋盆侧面的混合物刮下来。彻底搅拌直至完全搅拌均匀。注意不要结块。

**6** 将步骤 5 中的面糊倒入模具（如图 l），把模具底部放在工作台上敲打 2~3 下，使面糊表面变得平整（如图 m）。烤箱预热完毕后，等温度降至 180℃时放入模具，烘烤 40 分钟左右。
　　→面糊的量大约为模具高度的 8 成。在工作台上敲击模具底部可以去除面糊中多余的空气，使其表面变得平整。
　　→将模具放在烤盘的中央，放在烤箱的下层烘烤。过程中动作要快，因为在开关烤箱门时，内部温度也会下降，所以要预热到较高的温度。烘烤时的温度应为 180℃。

**7** 等蛋糕表面裂开的部分略带焦色后（如图 n），用竹签戳一下，如无液体残留就说明烤好了。连同模具一起放在晾网上冷却（如图 o）。
　　→如蛋糕表面裂开部分的焦色不深，应将其放回烤箱继续烘烤，每 5 分钟就观察一下状态。
　　→放在模具中冷却可以减缓散热速度，这样能避免蛋糕变得过于潮湿或干燥。

46

要点　○蛋糕里含有胡萝卜与红糖的天然甜味以及一点点香料，让孩子也能放心食用。
○可以根据个人喜好调整葡萄干、核桃、肉桂粉和肉豆蔻粉的分量。
○等蛋糕完全冷却后再将其从模具中取出，用保鲜膜包起来（如图 p 和图 q），放入冰箱冷藏室保存，保质期为 4~5 天。如使用了水分较多的水果和蔬菜，保质期为 2~3 天。冷藏后的蛋糕口感紧实，更加可口。
○咸味胡萝卜蛋糕（第 68~71 页）趁热吃较为可口，如无法立即品尝，可用保鲜膜包起来，放入冰箱冷藏室保存，保质期为 2~3 天。食用时最好切片后用烘焙油纸包住蛋糕，放入预热至 180℃的烤箱中烘烤 10 分钟左右，或用迷你烤箱加热 5 分钟左右。

ⓟ　　　　ⓠ

# 基础材料

### 鸡蛋

我使用的鸡蛋净重约 60 克（仅第 68~71 页咸味胡萝卜蛋糕需要 2 个鸡蛋，净重约 120 克），尽量选新鲜的比较好。由于鸡蛋的重量存在个体差异，需要称重确认，上下 5 克都在允许范围。为了能和色拉油搅拌均匀，需要放置至常温（约 25℃）后使用。

### 色拉油

除了常用的色拉油外，还可以使用植物油中的菜籽油、香油、大豆油等。橄榄油味道较重，不推荐使用。

### 红糖

红糖富含矿物质，甜味比较温和。加入红糖后，食物的味道更加柔和醇厚。虽也可以使用细砂糖，但口味会发生一定变化。

### 牛奶

一般的牛奶基本都可以，但不推荐使用低脂牛奶和豆奶。由于用量较少，无须放置至常温（约 25℃）。

### 胡萝卜

使用超市贩卖的普通胡萝卜即可。如使用有机胡萝卜，需清洗干净后连皮刨成丝状。

# 奶油涂层

胡萝卜蛋糕与奶油涂层非常般配，各位可以根据喜好按照下列 3 种食谱制作。

## ● 原味奶油涂层

原味奶油涂层以略带酸味的奶油芝士为主原料。为防止奶油芝士结块，需等其软硬均匀时再加入黄油搅拌。除了小西红柿胡萝卜蛋糕（第 64 页）和咸味胡萝卜蛋糕（第 68~71 页）以外，其他蛋糕基本适用，属于百搭型的奶油涂层。

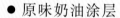

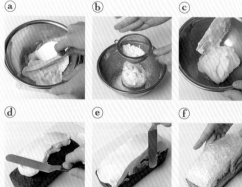

**[ 材料与做法 ]**（用于 1 个 18 厘米磅蛋糕模具）

1 将 100 克奶油芝士和 5 克无盐黄油软化至常温（约 25℃）。

2 在打蛋盆中放入奶油芝士，用橡胶刮刀搅拌至软硬均匀（如图 a）。

3 分 2 次加入软化后的无盐黄油，每次都需要搅拌均匀。

4 将 10 克糖粉用茶壶滤网过筛，加入打蛋盆（如图 b），搅拌均匀（如图 c）。

5 将步骤 4 的混合物倒在胡萝卜蛋糕上，用抹刀涂抹均匀（如图 d）。把抹刀竖起来，侧面也都涂匀（如图 e）。

6 用保鲜膜包起来，用手调整形状（如图 f）。放入冰箱冷藏室冷却约 1 小时后切片（如图 g）。

### 葡萄干

葡萄干将葡萄的美味浓缩其中，可用于调味。挑选时尽量选择表面没有涂油脂的。

### 核桃

核桃应选择专为烘焙提供的烤过的核桃。如只有生核桃，则应将其放入预热至160℃的烤箱中烘烤15分钟左右。不仅香味诱人，口感也极佳。

### 椰蓉

椰蓉是将椰果果肉切碎、晒干、磨粉后制成，口感松软细腻。可在烘焙材料店购买到。

### 低筋面粉

我使用的面粉为日清制粉烘焙专用的"超级维奥莱"（Super Violet）系列低筋面粉，这种面粉烘焙出来的成品纹理较稀疏。也可以用日清制粉的"维奥莱"（Violet）系列代替。但最好不要用日清制粉的"花"（Flower）系列，口感会发生变化。

### 肉桂粉

一般来说使用1/2茶匙即可。由于肉桂粉味道较浓，根据配合使用的食材不同，有时不需要加肉桂粉，有时需要减少用量。

### 肉豆蔻粉

大多在处理肉类时使用，但也可以为烘烤类糕点增添风味。带有丝丝甜味和香料的香气。

### 泡打粉

泡打粉可以让面糊膨胀，烘焙时使甜点更加蓬松。应使用无铝泡打粉。

### 小苏打

小苏打也就是碳酸氢钠。泡打粉使面糊纵向膨胀，小苏打则使面糊横向膨胀。由于小苏打略带苦味，使用时要注意控制用量。

---

## ● 酸奶油涂层

这种奶油涂层以酸奶油为主原料，口感清爽。由于酸奶油较软，需要多加一些黄油。

> **适宜搭配的蛋糕**
> - 原味胡萝卜蛋糕（第45页）
> - 苹果胡萝卜蛋糕（第50页）
> - 葡萄柚小豆蔻胡萝卜蛋糕（第51页）
> - 杏仁柠檬胡萝卜蛋糕（第54页）
> - 菠萝椰果胡萝卜蛋糕（第54页）
> - 杏仁橙子胡萝卜蛋糕（第57页）
> - 黑森林胡萝卜蛋糕（第61页）

**[ 材料与做法 ]**（用于1个18厘米磅蛋糕模具）

1 将15克无盐黄油软化至常温（约25℃）。
2 在打蛋盆中放入100克酸奶油，用橡胶刮刀搅拌至软硬均匀。
3 分2~3次加入软化后的无盐黄油，每次都需要搅拌均匀。
4 将10克糖粉用茶壶滤网过筛，加入打蛋盆，搅拌均匀。
5 将步骤4的混合物倒在胡萝卜蛋糕上，用抹刀涂抹均匀。把抹刀竖起来，侧面也都涂匀。
6 用保鲜膜包起来，用手调整好形状。放入冰箱冷藏室冷却约1小时后切片。

---

## ● 甜味甘纳许

我做的甘纳许以白巧克力为原料，味道浓郁醇厚。可以用牛奶代替材料中的生奶油。

> **适宜搭配的蛋糕**
> - 原味胡萝卜蛋糕（第45页）
> - 苹果胡萝卜蛋糕（第50页）
> - 核桃香蕉胡萝卜蛋糕（第56页）
> - 杏仁橙子胡萝卜蛋糕（第57页）
> - 黑森林胡萝卜蛋糕（第61页）
> - 南瓜榛果胡萝卜蛋糕（第65页）

**[ 材料与做法 ]**（用于1个18厘米磅蛋糕模具）

1 将100克奶油芝士软化至常温（约25℃）。将25克白巧克力隔水加热（如图a和图b）后取出，放置至常温。
2 在打蛋盆中放入奶油芝士，用橡胶刮刀搅拌至软硬均匀。
3 分2~3次加入白巧克力，每次都需要搅拌均匀（如图c）。
4 将1茶匙多一点儿的生奶油（乳脂含量35%）分2~3次加入打蛋盆，每次都需要搅拌均匀。
5 将步骤4的混合物倒在胡萝卜蛋糕上，用抹刀涂抹均匀。把抹刀竖起来，侧面也都涂匀。
6 用保鲜膜包起来，用手调整好形状。放入冰箱冷藏室冷却约1小时后切片。

49

(a)  (b)  (c)

**白巧克力**
白巧克力是在可可脂中加入糖和牛奶成分的奶油色巧克力。最好可以用法芙娜伊芙瓦白巧克力。

## 水果风味

在胡萝卜蛋糕中加入水果后,
口味便截然不同。
蛋糕里充满了丰富多样的甜味,
这种甜味仅靠糖是无法完成的。

苹果胡萝卜蛋糕

葡萄柚小豆蔻
胡萝卜蛋糕

# 苹果胡萝卜蛋糕

## [ 材料 ]（用于 1 个 18 厘米磅蛋糕模具）

**煮苹果**

| 苹果 1/2 个（100 克）
| 红糖 1 汤匙
| 柠檬汁 1 茶匙
| 肉桂粉 1/2 茶匙

鸡蛋 1 个（60 克）

色拉油 60 克

红糖 50 克

牛奶 25 毫升

胡萝卜 40 克

葡萄干 40 克

烤核桃 15 克

椰蓉 15 克

**材料 A**

| 低筋面粉 80 克
| 肉桂粉 1/2 茶匙
| 肉豆蔻粉 1/4 茶匙
| 泡打粉 1/2 茶匙
| 小苏打 1/4 茶匙

## [ 事前准备 ]

○将鸡蛋放置至常温（约 25℃）。
○用热水冲泡葡萄干后将水沥干。
○把烤核桃掰碎。
○用刨丝器将胡萝卜刨成较短的丝状。
○混合材料 A 并过筛。
○在模具中铺上烘焙油纸（见第 9 页）。
○算好时间，将烤箱预热至 200℃。

## [ 做法 ]

1 煮苹果。将苹果切成宽约 1 厘米的块状，倒入小锅中。加入红糖、柠檬汁和肉桂粉，用木铲轻轻搅拌，小火加热（如图 a），盖上锅盖煮约 5 分钟（如图 b）。

2 取下锅盖，转为中火加热去除水分后，转移至托盘放置冷却（如图 c）。这样苹果就煮好了。

3 在打蛋盆中放入鸡蛋和色拉油，用打蛋器轻轻搅拌均匀。

4 加入红糖搅拌，直至红糖的粗糙感消失、混合物变得黏稠即可。

5 加入牛奶，简单搅拌一下。

6 加入胡萝卜丝、葡萄干、烤核桃碎、椰蓉和步骤 2 中的煮苹果，用橡胶刮刀轻轻搅拌均匀。

7 加入混合物 A，单手转动打蛋盆，同时从底部向上大幅翻动 20 次左右。等面糊表面没有浮粉、变得平整即可。

8 将步骤 7 中的面糊倒入模具，把模具底部放在工作台上敲打 2~3 下，使面糊表面变得平整。烤箱预热完毕后，等温度降至 180℃时放入模具，烘烤 40 分钟左右。

9 等蛋糕表面裂开的部分略带焦色后，用竹签戳一下，如无液体残留就说明烤好了。连同模具一起放在晾网上冷却。

ⓐ　　　　ⓑ　　　　ⓒ

> **要点**　○肉桂粉的香味与苹果的酸味都极为诱人。
> ○我用的是红玉苹果，其中果肉较脆、味道较酸的苹果较为合适。也可以多煮一些苹果，加入酸奶后品尝口味会更好。
> ○将葡萄干浸泡在 1 汤匙白兰地中腌制 3 小时以上，可以使其味道更具深度与成熟风味。腌制时保证不超过一晚上即可。

# 葡萄柚小豆蔻胡萝卜蛋糕

**[材料]**（用于 1 个 18 厘米磅蛋糕模具）

鸡蛋　1 个（60 克）
色拉油　60 克
红糖　55 克
胡萝卜　55 克
葡萄柚　1 小个（80~100 克）
烤核桃　15 克
椰蓉　15 克

**材料 A**
　低筋面粉　80 克
　小豆蔻粉　1/2 茶匙
　泡打粉　1/2 茶匙
　小苏打　1/4 茶匙

**[事前准备]**

○将鸡蛋放置至常温（约 25℃）。
○把烤核桃掰碎。
○用刨丝器将胡萝卜刨成较短的丝状。
○刮取葡萄柚果皮碎屑（如图 a），和胡萝卜丝放在一起。剩下的葡萄柚先纵向切薄片（如图 b），把果皮全部切下来（如图 c）。将水果刀插入果肉，将其一瓣一瓣取下（如图 d），每一瓣都切 4 等份。
○混合材料 A 并过筛。
○在模具中铺上烘焙油纸（见第 9 页）。
○算好时间，将烤箱预热至 200℃。

**[做法]**

1　在打蛋盆中放入鸡蛋和色拉油，用打蛋器轻轻搅拌均匀。

2　加入红糖搅拌，直至红糖的粗糙感消失、混合物变得黏稠即可。

3　加入葡萄柚皮碎屑与胡萝卜丝、烤核桃碎和椰蓉，用橡胶刮刀轻轻搅拌均匀。

4　加入混合物 A，单手转动打蛋盆，同时从底部向上大幅翻动 15 次左右。等到仅残留一些浮粉时即可。

5　加入葡萄柚果肉，按照同样的手法搅拌 4~5 次。等面糊表面没有浮粉、变得平整即可。

6　将步骤 5 中的面糊倒入模具，把模具底部放在工作台上敲打 2~3 下，使面糊表面变得平整。烤箱预热完毕后，等温度降至 180℃时放入模具，烘烤 40 分钟左右。

7　等蛋糕表面裂开的部分略带焦色后，用竹签戳一下，如无液体残留就说明烤好了。连同模具一起放在晾网上冷却。

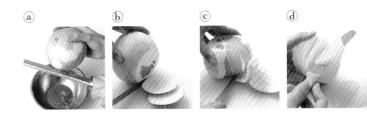
ⓐ　ⓑ　ⓒ　ⓓ

---

**要点**　○小豆蔻的清爽感与葡萄柚的酸味可谓相得益彰，也可以使用其他柑橘类水果代替葡萄柚。
○面糊中需要用到的葡萄柚果肉为 80~100 克，剩下的可以在烘烤前放在面糊上做装饰。
○葡萄柚的果肉本身就有水分，因此面糊里不加入牛奶。保质期也比其他蛋糕要短，为 2~3 天。

## 适合与胡萝卜蛋糕搭配的食材

　胡萝卜蛋糕与柑橘类水果非常般配。当在面糊中加入水分较多的新鲜水果时，就无须再加牛奶。如食材容易变形，应先和粉状材料混合后再加入。如需加入果干，应先用热水冲泡使其变软，这样更容易搅拌均匀。

　胡萝卜蛋糕也适宜与南瓜、土豆等含有甜味的蔬菜搭配。加入面糊前虽然需要加热，但也要注意使食材保持一定的硬度，这样搅拌时才不会变形。烘烤时的热量足以将其烤熟，这一点不用担心。

**杏仁柠檬胡萝卜蛋糕**

54

**菠萝椰果胡萝卜蛋糕**

# 杏仁柠檬胡萝卜蛋糕

## [ 材料 ]（用于 1 个 18 厘米磅蛋糕模具）

鸡蛋　1 个（60 克）
色拉油　60 克
红糖　40 克
蜂蜜　10 克
柠檬汁　25 毫升
胡萝卜　55 克
柠檬皮　1/2 个柠檬的分量
杏仁干　60 克
椰蓉　15 克

### 材料 A

低筋面粉　80 克
泡打粉　1/2 茶匙
小苏打　1/4 茶匙

## [ 事前准备 ]

○将鸡蛋放置至常温（约 25℃）。
○用热水浸泡杏仁干 5 分钟左右（如图 a），表面泡软后将水沥干，简单切一下。
○用刨丝器将胡萝卜刨成较短的丝状。
○刮取柠檬皮碎屑，和胡萝卜丝放在一起。
○混合材料 A 并过筛。
○在模具中铺上烘焙油纸（见第 9 页）。
○算好时间，将烤箱预热至 200℃。

## [ 做法 ]

1 在打蛋盆中放入鸡蛋和色拉油，用打蛋器轻轻搅拌均匀。

2 加入红糖和蜂蜜搅拌，直至红糖的粗糙感消失、混合物变得黏稠即可。

3 加入柠檬汁，简单搅拌一下。

4 加入柠檬皮的碎屑与胡萝卜丝、杏仁干和椰蓉，用橡胶刮刀轻轻搅拌均匀。

5 加入混合物 A，单手转动打蛋盆，同时从底部向上大幅翻动 20 次左右。等面糊表面没有浮粉、变得平整即可。

6 将步骤 5 中的面糊倒入模具，把模具底部放在工作台上敲打 2~3 下，使面糊表面变得平整。烤箱预热完毕后，等温度降至 180℃时放入模具，烘烤 40 分钟左右。

7 等蛋糕表面裂开的部分略带焦色后，用竹签戳一下，如无液体残留就说明烤好了。连同模具一起放在晾网上冷却。

要点　○用柠檬汁代替牛奶，可使蛋糕的口味更加清爽。柠檬的酸味与杏仁淡淡的甜味搭配得恰到好处。
○要选择不使用农药且未经过农产品保质处理的柠檬刮取果皮碎屑。

# 菠萝椰果胡萝卜蛋糕

## [ 材料 ]（用于 1 个 18 厘米磅蛋糕模具）

鸡蛋　1 个（60 克）
色拉油　60 克
红糖　55 克
牛奶　25 毫升
胡萝卜　55 克
烤核桃　15 克
椰蓉　15 克
椰丝　20 克 + 少量
菠萝罐头（如图 a）2 片 + 1 片

### 材料 A

低筋面粉　80 克
肉桂粉　1/2 茶匙
泡打粉　1/2 茶匙
小苏打　1/4 茶匙

## [ 事前准备 ]

○除去杏仁干和柠檬皮的部分，其余做法和上述杏仁柠檬胡萝卜蛋糕基本相同，去掉杏仁干和柠檬皮的部分。
○把烤核桃掰碎。
○将 2 片菠萝切成宽约 1 厘米的块状，剩下的 1 片菠萝切 8 等份。分别用厨房用纸将汁水擦拭干净。

## [ 做法 ]

1 按照上述杏仁柠檬胡萝卜蛋糕的步骤 1~7 进行制作。但在步骤 2 中不要加入蜂蜜，在步骤 3 中用牛奶代替柠檬汁。在步骤 4 中加入胡萝卜丝、烤核桃碎、椰蓉、20 克椰丝、菠萝块，不要加入柠檬皮和杏仁干。在步骤 6 中，将 8 等分的菠萝片均匀摆放在面糊上，再撒上剩余的少量椰丝。

要点　○菠萝的酸甜与椰果的甘甜营造出一种热带风情。
○面糊中使用了两种椰果制品，使口感与风味更佳。用于装饰的椰丝在烘烤后更是香脆可口。

ⓐ 菠萝罐头
菠萝罐头是去除菠萝的芯后，将其果肉切片、浸泡在浓糖水中腌制而成。加入胡萝卜蛋糕中可以增加酸味与甜味，颇有热带风味。

## 坚果风味

在湿润柔软的
面糊中,
加入具有一定硬度的坚果,
使之格外惹人注目。
加入红豆后,
又颇有一种日式风情。

核桃香蕉胡萝卜蛋糕

红豆胡萝卜蛋糕

杏仁橙子胡萝卜蛋糕

# 核桃香蕉胡萝卜蛋糕

**[ 材料 ]**（用于 1 个 18 厘米磅蛋糕模具）

鸡蛋　1 个（60 克）
色拉油　60 克
红糖　45 克
牛奶　25 毫升
胡萝卜　55 克
烤核桃　25 克
椰蓉　25 克
**材料 A**
　低筋面粉　80 克
　肉桂粉　1/2 茶匙
　肉豆蔻粉　1/4 茶匙
　泡打粉　1/2 茶匙
　小苏打　1/4 茶匙
香蕉　70 克

**[ 事前准备 ]**

○将鸡蛋放置至常温（约 25℃）。
○把烤核桃掰碎。
○用刨丝器将胡萝卜刨成较短的丝状。
○将香蕉切成厚约 1 厘米的扇叶状。
○混合材料 A 并过筛。
○在模具中铺上烘焙油纸（见第 9 页）。
○算好时间，将烤箱预热至 200℃。

**[ 做法 ]**

1　在打蛋盆中放入鸡蛋和色拉油，用打蛋器轻轻搅拌均匀。

2　加入红糖搅拌，直至红糖的粗糙感消失、混合物变得黏稠即可。

3　加入牛奶，简单搅拌一下。

4　加入胡萝卜丝、烤核桃碎和椰蓉，用橡胶刮刀轻轻搅拌均匀。

5　加入混合物 A，单手转动打蛋盆，同时从底部向上大幅翻动 15 次左右。等到仅残留一些浮粉时即可。

6　加入香蕉，按照同样的手法搅拌 4~5 次。等面糊表面没有浮粉、变得平整即可。

7　将步骤 6 中的面糊倒入模具，把模具底部放在工作台上敲打 2~3 下，使面糊表面变得平整。烤箱预热完毕后，等温度降至 180℃时放入模具，烘烤 40 分钟左右。

8　等蛋糕表面裂开的部分略带焦色后，用竹签戳一下，如无液体残留就说明烤好了。连同模具一起放在晾网上冷却。

---

**要点**　○香蕉本身就含有甜味，因此减少了红糖的用量。增加椰蓉的用量可以使口感更酥脆。
○为保留香蕉的口感，搅拌时不要碾碎。
○如使用的是生核桃，应将其放入预热至 160℃的烤箱中烘烤 15 分钟左右。

---

# 红豆胡萝卜蛋糕

**[ 材料 ]**（用于 1 个 18 厘米磅蛋糕模具）

鸡蛋　1 个（60 克）
色拉油　60 克
红糖　45 克
牛奶　25 毫升
胡萝卜　55 克
葡萄干　25 克
烤核桃　25 克
糖渍红豆（如图 a）　100 克
**材料 A**
　低筋面粉　80 克
　肉桂粉　1/4 茶匙
　泡打粉　1/2 茶匙
　小苏打　1/4 茶匙

**ⓐ 糖渍红豆**
　糖渍红豆是在煮熟后变软的红豆中加糖制成的。我使用的是不含水的红豆。如红豆中含有水分，需先用锅煮干。

**[ 事前准备 ]**

○将鸡蛋放置至常温（约 25℃）。
○用热水冲泡葡萄干后将水沥干。
○把烤核桃掰碎。
○用刨丝器将胡萝卜刨成较短的丝状。
○混合材料 A 并过筛。
○在模具中铺上烘焙油纸（见第 9 页）。
○算好时间，将烤箱预热至 200℃。

**[ 做法 ]**

1　按照上述核桃香蕉胡萝卜蛋糕的步骤 1~8 进行制作。但在步骤 4 中应加入胡萝卜丝、葡萄干、烤核桃碎和糖渍红豆，不要加入椰蓉。在步骤 5 中搅拌 20 次左右，等面糊表面没有浮粉即可。跳过步骤 6。

---

**要点**　○肉桂粉充满异域风情的香味与红豆相当般配。
○红豆本身就含有甜味，因此减少了红糖的用量。不需要加入肉豆蔻粉。
○如使用的是生核桃，应将其放入预热至 160℃的烤箱中烘烤 15 分钟左右。

# 杏仁橙子胡萝卜蛋糕

**[材料]**（用于 1 个 18 厘米磅蛋糕模具）

鸡蛋　1 个（60 克）

色拉油　60 克

红糖　55 克

胡萝卜　55 克

橙子　1 个（100 克）

烤杏仁粒　30 克 + 5 克

椰蓉　15 克

**材料 A**

低筋面粉　80 克

肉桂粉　1/2 茶匙

肉豆蔻粉　1/4 茶匙

泡打粉　1/2 茶匙

小苏打　1/4 茶匙

**[事前准备]**

○将鸡蛋放置至常温（约 25℃）。

○用刨丝器将胡萝卜刨成较短的丝状。

○刮取橙皮碎屑（如图 a），和胡萝卜丝放在一起。剩下的橙子先纵向切薄片（如图 b），把果皮全部切下来（如图 c 和图 d）。将水果刀插入果肉（如图 e），将其一瓣一瓣取下（如图 f），每一瓣都切 3 等份。

○混合材料 A 并过筛。

○在模具中铺上烘焙油纸（见第 9 页）。

○算好时间，将烤箱预热至 200℃。

**[做法]**

1　在打蛋盆中放入鸡蛋和色拉油，用打蛋器轻轻搅拌均匀。

2　加入红糖搅拌，直至红糖的粗糙感消失、混合物变得黏稠即可。

3　加入橙皮碎屑与胡萝卜丝、30 克烤杏仁粒和椰蓉，用橡胶刮刀轻轻搅拌均匀。

4　加入混合物 A，单手转动打蛋盆，同时从底部向上大幅翻动 15 次左右。等到仅残留一些浮粉时即可。

5　加入橙子果肉，按照同样的手法搅拌 4~5 次。等面糊表面没有浮粉、变得平整即可。

6　将步骤 5 中的面糊倒入模具，把模具底部放在工作台上敲打 2~3 下，使面糊表面变得平整。再撒上剩下 5 克烤杏仁粒。烤箱预热完毕后，等温度降至 180℃时放入模具，烘烤 40 分钟左右。

7　等蛋糕表面裂开的部分略带焦色后，用竹签戳一下，如无液体残留就说明烤好了。连同模具一起放在晾网上冷却。

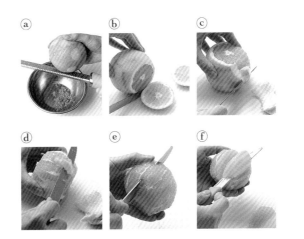

ⓐ　ⓑ　ⓒ

ⓓ　ⓔ　ⓕ

**要点**　○杏仁橙子胡萝卜蛋糕含有橙子清爽的酸味。由于加入了大量橙子的果肉，保质期仅为 2~3 天。

○如使用的是生杏仁粒，应将其放入预热至 160℃的烤箱中烘烤 10 分钟左右。也可以根据自己的喜好用切碎的榛果或核桃代替。

## 巧克力风味

听起来或许有些出人意料,
不过巧克力的确适合加进
胡萝卜蛋糕。
它虽然是主角,
却不会加重蛋糕的味道,
反而使其口感依旧清爽无比。

# 巧克力五香粉胡萝卜蛋糕

黑森林胡萝卜蛋糕

61

# 巧克力五香粉胡萝卜蛋糕

**[ 材料 ]**（用于 1 个 18 厘米磅蛋糕模具）

鸡蛋　1 个（60 克）
色拉油　60 克
红糖　40 克
蜂蜜　10 克
牛奶　25 毫升
胡萝卜　55 克
葡萄干　25 克
烤核桃　15 克
椰蓉　15 克
黑巧克力　30 克
**材料 A**
低筋面粉　80 克
肉桂粉　1/8 茶匙
五香粉（如图 a）　1/8 茶匙
泡打粉　1/2 茶匙
小苏打　1/4 茶匙

## [ 事前准备 ]

○将鸡蛋放置至常温（约 25℃）。
○用热水冲泡葡萄干后将水沥干。
○把烤核桃掰碎。
○用刨丝器将胡萝卜刨成较短的丝状。
○简单切一下黑巧克力（如图 b）。
○混合材料 A 并过筛。
○在模具中铺上烘焙油纸（见第 9 页）。
○算好时间，将烤箱预热至 200℃。

## [ 做法 ]

1　在打蛋盆中放入鸡蛋和色拉油，用打蛋器轻轻搅拌均匀。

2　加入红糖和蜂蜜搅拌，直至红糖的粗糙感消失、混合物变得黏稠即可。

3　加入牛奶，简单搅拌一下。

4　加入胡萝卜丝、葡萄干、烤核桃碎和椰蓉，用橡胶刮刀轻轻搅拌均匀。

5　加入混合物 A，单手转动打蛋盆，同时从底部向上大幅翻动 20 次左右。等面糊表面没有浮粉、变得平整即可。

6　将步骤 5 中的面糊倒入模具，把模具底部放在工作台上敲打 2~3 下，使面糊表面变得平整。烤箱预热完毕后，等温度降至 180℃时放入模具，烘烤 40 分钟左右。

7　等蛋糕表面裂开的部分略带焦色后，用竹签戳一下，如无液体残留就说明烤好了。连同模具一起放在晾网上冷却。

**要点**　○蛋糕里五香粉诱人的香气在口中扩散开来，极具东方风情。
○将黑巧克力切成宽度 5 毫米左右的块状即可，大小不一定保持一致。也可以使用市面上贩卖的巧克力豆。

@ 五香粉

　　五香粉是中国的一种混合型香料，含有八角、肉桂、茴香、丁香和花椒等香料，常用于调味，可以增添香气、去除肉类的腥味。

ⓑ

# 黑森林胡萝卜蛋糕

## [ 材料 ]（用于 1 个 18 厘米磅蛋糕模具）

鸡蛋　1 个（60 克）
色拉油　60 克
红糖　55 克
牛奶　25 毫升
胡萝卜　55 克
葡萄干　25 克
椰蓉　15 克
樱桃罐头（如图 a）　60 克 +3 个
樱桃罐头的浓糖水　1/2 汤匙
樱桃白兰地（如图 b，条件允许时）　1/2 汤匙

### 材料 A

低筋面粉　65 克
可可粉　15 克
泡打粉　1/2 茶匙
小苏打　1/4 茶匙

## [ 事前准备 ]

○将 60 克的樱桃每个均切成 4 等份，浸泡在浓糖水和樱桃白兰地中腌制 3 小时以上，保证不超过一晚上即可，腌制完后将液体沥干。剩下 3 个樱桃均对半切开。
○将鸡蛋放置至常温（约 25℃）。
○用热水冲泡葡萄干后将水沥干。
○用刨丝器将胡萝卜刨成较短的丝状。
○混合材料 A 并过筛。
○在模具中铺上烘焙油纸（见第 9 页）。
○算好时间，将烤箱预热至 200℃。

## [ 做法 ]

1 在打蛋盆中放入鸡蛋和色拉油，用打蛋器轻轻搅拌均匀。

2 加入红糖搅拌，直至红糖的粗糙感消失、混合物变得黏稠即可。

3 加入牛奶，简单搅拌一下。

4 加入胡萝卜丝、葡萄干、核桃、椰蓉和切成 4 等份的樱桃，用橡胶刮刀轻轻搅拌均匀。

5 加入混合物 A，单手转动打蛋盆，同时从底部向上大幅翻动 20 次左右。等面糊表面没有浮粉、变得平整即可。

6 将步骤 5 中的面糊倒入模具，把模具底部放在工作台上敲打 2~3 下，使面糊表面变得平整，再将对半切开的樱桃均匀地摆放在面糊上。烤箱预热完毕后，等温度降至 180℃时放入模具，烘烤 40 分钟左右。

7 等蛋糕表面裂开的部分略带焦色后，用竹签戳一下，如无液体残留就说明烤好了。连同模具一起放在晾网上冷却。

> 要点　○黑森林蛋糕是指放入樱桃的巧克力蛋糕。由于这次是以胡萝卜蛋糕为基底，尝起来的味道就不会像巧克力蛋糕那样浓郁，反而更为清爽。
> ○当有孩子食用，需要保证无酒精时，可以不使用樱桃白兰地。这时也无须使用浓糖水，可以跳过腌制步骤。

ⓐ 樱桃罐头
　　樱桃罐头是将樱桃去核后，把果肉浸泡在浓糖水中腌制而成。果肉充足，口感极佳，酸甜相宜。适合搭配巧克力使用。

ⓑ 樱桃白兰地
　　樱桃白兰地是樱桃发酵后酿造而成的，是一种无色透明、香味诱人的蒸馏酒。经常用来调味，增添点心的香味。

### 如何选择巧克力

　　烘焙时最好选用烘焙专用的涂层巧克力，它比方块状巧克力更加入口即化，风味也更佳。
　　巧克力大体上可分为黑巧克力、牛奶巧克力和白巧克力三种。黑巧克力略带苦味，可可的味道较重。牛奶巧克力苦味稍淡，甜度尝起来刚刚好。白巧克力呈乳白色，甜味较重。
　　本书主要使用的涂层巧克力为黑巧克力。黑巧克力与略带甜味的面糊在一起刚好可以互补，使整体味道较为均衡。当然，各位也可以根据自己的喜好在蛋糕中使用牛奶巧克力和白巧克力。

## 甜味蔬菜风味

在蛋糕中加入西红柿、南瓜等
甜味较重的蔬菜，
能够孕育出更加丰富的甜味，
而且非常健康。

小西红柿胡萝卜蛋糕

南瓜榛果胡萝卜蛋糕

糖渍生姜胡萝卜蛋糕

65

# 小西红柿胡萝卜蛋糕 ❧

**[ 材料 ]**（用于 1 个 18 厘米磅蛋糕模具）

鸡蛋　1 个（60 克）
色拉油　60 克
红糖　55 克
胡萝卜　55 克
椰蓉　15 克
**材料 A**
  低筋面粉　80 克
  肉桂粉　1/4 茶匙
  泡打粉　1/2 茶匙
  小苏打　1/4 茶匙
小西红柿　10 个 + 3~4 个

**[ 事前准备 ]**

○将鸡蛋放置至常温（约 25℃）。
○用刨丝器将胡萝卜刨成较短的丝状。
○ 10 个小西红柿每个去蒂后切成 4 瓣，剩余 3~4 个小西红柿去蒂后对半切开。
○混合材料 A 并过筛。
○在模具中铺上烘焙油纸（见第 9 页）。
○算好时间，将烤箱预热至 200℃。

**[ 做法 ]**

1　在打蛋盆中放入鸡蛋和色拉油，用打蛋器轻轻搅拌均匀。

2　加入红糖搅拌，直至红糖的粗糙感消失、混合物变得黏稠即可。

3　加入胡萝卜丝和椰蓉，用橡胶刮刀轻轻搅拌均匀。

4　加入混合物 A，单手转动打蛋盆，同时从底部向上大幅翻动 15 次左右。等到仅残留一些浮粉时即可。

5　加入切成 4 瓣的小西红柿，按照同样的手法搅拌 4~5 次。等面糊表面没有浮粉、变得平整即可。

6　将步骤 5 中的面糊倒入模具，把模具底部放在工作台上敲打 2~3 下，使面糊表面变得平整，再将对半切开的小西红柿均匀摆放在面糊上。烤箱预热完毕后，等温度降至 180℃ 时放入模具，烘烤 40 分钟左右。

7　等蛋糕表面裂开的部分略带焦色后，用竹签戳一下，如无液体残留就说明烤好了。连同模具一起放在晾网上冷却。

> **要点**　○尽量选择酸味较少、甜味充足的小西红柿。由于其中水分较多，蛋糕的保质期为 2~3 天。
> ○小西红柿容易变形，应先和粉状材料混合至一定程度后再加入。

# 南瓜榛果胡萝卜蛋糕 ❧

**[ 材料 ]**（用于 1 个 18 厘米磅蛋糕模具）

鸡蛋　1 个（60 克）
色拉油　60 克
红糖　40 克
蜂蜜　10 克
牛奶　25 毫升
胡萝卜　55 克
葡萄干　20 克
烤榛果　20 克
椰蓉　15 克
南瓜　100 克
**材料 A**
  低筋面粉　80 克
  肉桂粉　1/2 茶匙
  泡打粉　1/2 茶匙
  小苏打　1/4 茶匙

**[ 事前准备 ]**

○将鸡蛋放置至常温（约 25℃）。
○用热水冲泡葡萄干后将水沥干。
○将烤榛果切成 4 瓣。
○将南瓜切成宽约 1 厘米的块状，放入耐热的打蛋盆中，用保鲜膜包起来，放入微波炉加热 1 分钟左右。等南瓜变软后分成 80 克和 20 克两部分。
○用刨丝器将胡萝卜刨成较短的丝状。
○混合材料 A 并过筛。
○在模具中铺上烘焙油纸（见第 9 页）。
○算好时间，将烤箱预热至 200℃。

# 糖渍生姜胡萝卜蛋糕

## [ 材料 ]（用于 1 个 18 厘米磅蛋糕模具 ）

**糖渍生姜**
- 生姜　50 克
- 细砂糖　100 克
- 蜂蜜　1 汤匙
- 水　100 毫升
- 柠檬汁　1 汤匙
- 鸡蛋　1 个（60 克）
- 色拉油　60 克
- 红糖　55 克
- 牛奶　25 毫升
- 胡萝卜　55 克
- 椰蓉　15 克
- 生姜末　1 茶匙

**材料 A**
- 低筋面粉　80 克
- 肉桂粉　1/2 茶匙
- 泡打粉　1/2 茶匙
- 小苏打　1/4 茶匙

## [ 事前准备 ]

○将鸡蛋放置至常温（约 25℃）。
○用刨丝器将胡萝卜刨成较短的丝状。
○混合材料 A 并过筛。
○在模具中铺上烘焙油纸（见第 9 页）。
○算好时间，将烤箱预热至 200℃。

> **要点**
> ○蛋糕中放入了足量的生姜，因而有种清凉的口感。煮糖渍生姜时无须煮太久，最好要保留一些生姜原有的口感。
> ○蛋糕只需要使用 40 克糖渍生姜，剩下的可以加进酸奶或兑苏打水饮用。

## [ 做法 ]

1. 制作糖渍生姜。先将生姜切成丝状。在小锅中放入细砂糖、蜂蜜和水后，用橡胶刮刀搅拌，中火加热。煮沸后加入生姜，等到再次煮沸后转为小火煮约 10 分钟（如图 a）。关火，加入柠檬汁搅拌均匀，转移至打蛋盆中冷却。

2. 取步骤 1 中 40 克糖渍生姜，将液体沥干（如图 b），简单切一下（如图 c）。剩余混合物可倒进煮沸消毒过的瓶子中，放入冰箱冷藏室中保存起来，保质期约 2 星期。

3. 在打蛋盆中放入鸡蛋和色拉油，用打蛋器轻轻搅拌均匀。

4. 加入红糖搅拌，直至红糖的粗糙感消失、混合物变得黏稠即可。

5. 加入牛奶，简单搅拌一下。

6. 加入胡萝卜丝、椰蓉、40 克步骤 2 中的糖渍生姜和生姜末，用橡胶刮刀轻轻搅拌均匀。

7. 加入混合物 A，单手转动打蛋盆，同时从底部向上大幅翻动 20 次左右。等面糊表面没有浮粉、变得平整即可。

8. 将步骤 7 中的面糊倒入模具，把模具底部放在工作台上敲打 2~3 下，使面糊表面变得平整。烤箱预热完毕后，等温度降至 180℃时放入模具，烘烤 40 分钟左右。

9. 等蛋糕表面裂开的部分略带焦色后，用竹签戳一下，如无液体残留就说明烤好了。连同模具一起放在晾网上冷却。

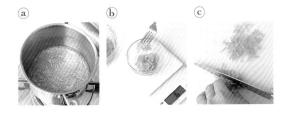

ⓐ　ⓑ　ⓒ

---

## [ 做法 ]

1. 在打蛋盆中放入鸡蛋和色拉油，用打蛋器轻轻搅拌均匀。

2. 加入红糖和蜂蜜搅拌，直至红糖的粗糙感消失、混合物变得黏稠即可。

3. 加入牛奶，简单搅拌一下。

4. 加入胡萝卜丝、葡萄干、烤榛果、椰蓉和 80 克南瓜，用橡胶刮刀轻轻搅拌均匀。

5. 加入混合物 A，单手转动打蛋盆，同时从底部向上大幅翻动 20 次左右。等面糊表面没有浮粉、变得平整即可。

6. 将步骤 5 中的面糊倒入模具，把模具底部放在工作台上敲打 2~3 下，使面糊表面变得平整，将剩余 20 克南瓜均匀放在面糊上。烤箱预热完毕后，等温度降至 180℃时放入模具，烘烤 40 分钟左右。

7. 等蛋糕表面裂开的部分略带焦色后，用竹签戳一下，如无液体残留就说明烤好了。连同模具一起放在晾网上冷却。

> **要点**
> ○胡萝卜与南瓜都富含维生素。
> ○由于南瓜水分较多，蛋糕的保质期为 2~3 天。

## 咸味蛋糕

加盐调味后，
胡萝卜蛋糕也带上了咸味，
因而适宜在早餐或午餐中食用。
用料丰富，营养充足，
最好趁热品尝。

## 培根卷心菜芥末
## 胡萝卜蛋糕

68

# 三文鱼西蓝花胡萝卜蛋糕

# 孜然胡萝卜蛋糕

# 培根卷心菜芥末胡萝卜蛋糕

**[ 材料 ]**（用于 1 个 18 厘米磅蛋糕模具）

**培根炒蔬菜**

| 无盐黄油　5 克
| 培根块　60 克
| 胡萝卜　70 克
| 卷心菜　60 克

鸡蛋　2 个（120 克）
色拉油　60 克
牛奶　60 毫升

**材料 A**

| 低筋面粉　120 克
| 泡打粉　1/2 茶匙
| 盐　1/4 茶匙
| 胡椒　适量

芝士粉　30 克
芥末籽　1 汤匙

**[ 事前准备 ]**

○将鸡蛋放置至常温（约 25℃）。
○将胡萝卜切成长约 5 厘米的条状。
○将卷心菜切成一口大小。
○将培根切成宽约 1 厘米的块状。
○混合材料 A 后不要过筛，加入芝士粉搅拌均匀（如图 a）。
○在模具中铺上烘焙油纸（见第 9 页）。
○算好时间，将烤箱预热至 200℃。

> **要点**　○芥末籽的辣味与芝士粉的香味蕴含在蛋糕中，
> 刚好适合早餐食用。由于馅料充足，十分容易产
> 生饱腹感。
> ○可以用香肠或火腿来代替培根。

**[ 做法 ]**

1 先炒培根块和蔬菜。在平底锅中放入无盐黄油，用中火软化。依照顺序放入培根块、胡萝卜条和卷心菜后翻炒，等卷心菜变软后移至托盘自然冷却（如图 b）。

2 在打蛋盆中放入鸡蛋和色拉油，用打蛋器轻轻搅拌均匀。

3 加入牛奶，简单搅拌一下。

4 加入芝士粉及混合物 A，单手转动打蛋盆，同时用橡胶刮刀从底部向上大幅翻动 10 次左右。等到仅残留一些浮粉时即可。

5 加入步骤 1 中的培根炒蔬菜和芥末籽，按照同样的手法搅拌 10 次左右。等面糊表面没有浮粉、变得平整即可。

6 将步骤 5 中的面糊倒入模具，把模具底部放在工作台上敲打 2~3 下，使面糊表面变得平整（如图 c）。烤箱预热完毕后，等温度降至 180℃时放入模具，烘烤 35~40 分钟。

7 等蛋糕表面裂开的部分略带焦色后，用竹签戳一下，如无液体残留就说明烤好了。将蛋糕连同烘焙油纸从模具中取出，放在晾网上散热（如图 d）。如非即刻食用，可以继续冷却。

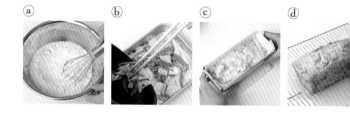

ⓐ　ⓑ　ⓒ　ⓓ

---

# 三文鱼西蓝花胡萝卜蛋糕

**[ 材料 ]**（用于 1 个 18 厘米磅蛋糕模具）

鸡蛋　2 个（120 克）
色拉油　60 克
牛奶　60 毫升

**材料 A**

| 低筋面粉　120 克
| 泡打粉　1/2 茶匙
| 盐　1/4 茶匙
| 胡椒　适量

芝士粉　30 克
胡萝卜　70 克
西蓝花　130 克
烟熏三文鱼片　70 克

**[ 事前准备 ]**

○除去土豆的部分，其余做法和孜然胡萝卜蛋糕基本相同。
○将胡萝卜切成宽约 1 厘米的块状。
○将西蓝花掰成小株。
○将烟熏三文鱼片均切成 3~4 等份，选取 3~4 片较小的鱼片用于装饰。

ⓐ

ⓑ

ⓒ

ⓓ

# 孜然胡萝卜蛋糕

## [ 材料 ]（用于 1 个 18 厘米磅蛋糕模具）

**孜然风味胡萝卜**
- 胡萝卜　100 克
- 色拉油　1 汤匙
- 孜然粒　1 汤匙

鸡蛋　2 个（120 克）
色拉油　60 克
牛奶　60 毫升

**材料 A**
- 低筋面粉　120 克
- 泡打粉　1/2 茶匙
- 盐　1/4 茶匙
- 咖喱粉　1/4 茶匙

芝士粉　30 克
五月皇后品种土豆　1 个（100~150 克）

## [ 事前准备 ]

○将鸡蛋放置至常温（约 25℃）。
○将土豆切成不规则的形状（如图 a），浸泡在水中。用小锅将水煮沸，加入少量额外分量的盐，煮约 5 分钟后（如图 b）将水沥干。
○混合材料 A 后不要过筛，加入芝士粉搅拌均匀。
○在模具中铺上烘焙油纸（见第 9 页）。
○算好时间，将烤箱预热至 200℃。

## [ 做法 ]

1 孜然炒胡萝卜。将胡萝卜切成长 4~5 厘米长的丝状。在平底锅中倒入色拉油，用中火加热，再放入胡萝卜丝翻炒，等其变软即可。加入孜然粒，简单炒几下后（如图 c）移至托盘冷却（如图 d）。

2 在打蛋盆中放入鸡蛋和色拉油，用打蛋器轻轻搅拌均匀。

3 加入牛奶，简单搅拌一下。

4 加入芝士粉与混合物 A，单手转动打蛋盆，同时用橡胶刮刀从底部向上大幅翻动 10 次左右。等到仅残留一些浮粉时即可。

5 加入步骤 1 中的孜然炒胡萝卜，按照同样的手法搅拌 10 次左右。等面糊表面没有浮粉、变得平整即可。

6 将步骤 5 中的面糊倒 1/3 进模具，用橡胶刮刀将面糊表面轻轻抹平，把 1/2 切好的土豆均匀放在面糊上。重复一次上述操作。再将步骤 5 中剩余的面糊倒进模具，轻轻抹平表面。烤箱预热完毕后，等温度降至 180℃时放入模具，烘烤 35~40 分钟。

7 等蛋糕表面裂开的部分略带焦色后，用竹签戳一下，如无液体残留就说明烤好了。将蛋糕连同烘焙油纸从模具中取出，放在晾网上散热。如非即刻食用，可以继续冷却。

**要点**
○胡萝卜用孜然炒过后，与土豆的口感形成了鲜明对比。独特的辣味与香料味足以引起人的食欲。
○土豆选用不宜变形的五月皇后品种，如果没有也可以用男爵品种代替。

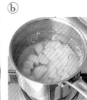

## [ 做法 ]

1 在小锅中将水煮沸，加入少量额外分量的盐，将胡萝卜块放入煮约 30 秒（如图 a），取出后将水沥干。再将西蓝花放入煮约 30 秒（如图 b），取出后将水沥干。从中取 6 块用来装饰。

2 按照孜然胡萝卜蛋糕的步骤 2~7 进行制作。但在步骤 5 中用步骤 1 中的胡萝卜块和非装饰的西蓝花代替孜然炒胡萝卜，在步骤 6 中用非装饰的烟熏三文鱼片代替土豆，并且同样分 2 次摆放在面糊上（如图 c）。等面糊全部倒入模具后，将用于装饰的西蓝花和烟熏三文鱼片均匀摆放在面糊上（如图 d）。

**要点**
○用金枪鱼代替烟熏三文鱼也很好吃。
○煮西蓝花时不要太久，要有一定硬度，这样才能保持它的口感。
○由于面糊整体比较柔滑，轻轻涂抹表面就能使其平整。

### 制作咸味蛋糕的要点

　　面糊的基本材料为鸡蛋、色拉油、牛奶、低筋面粉、泡打粉、盐和芝士粉，不含糖。其中，色拉油和泡打粉的用量与甜味胡萝卜蛋糕中使用的相同，鸡蛋、牛奶和低筋面粉用量增加，另外还加入了盐和芝士粉。由于牛奶分量增加，面糊变得柔滑，在倒入模具时，分量可以达到模具高度的 9 成。但由于泡打粉分量没有增加，膨胀程度会稍低一些。

　　烘烤完毕后需从模具中取出散热，趁热品尝，这时口感最佳。蛋糕完全冷却后也可以用烤箱重新烘烤加热。

# 蔬菜磅蛋糕

蔬菜磅蛋糕与香蕉蛋糕、胡萝卜蛋糕类似，是在面糊中加入蔬菜的磅蛋糕。

每种磅蛋糕都运用了蔬菜原本的甜味，让各个人群都能接受它们的味道。

无论等冷却后再品尝还是趁热食用，都无比美味！

# 基础材料

### 黄油

　　我在烘焙时使用的是无盐发酵黄油，但它和普通的无盐黄油没有太大区别。无盐发酵黄油有一股清爽的酸味，可以使蛋糕口感更轻盈一些。

### 细砂糖

　　细砂糖是糖类中口味较淡的一种。烘焙专用的细砂糖颗粒微小，容易融入面糊。如果使用绵白糖，口味可能会发生变化。

### 鸡蛋

　　我选择的鸡蛋净重约60克，要尽量新鲜。由于鸡蛋重量存在个体差异，需要称重确认，上下5克都在允许范围。使用时需放置至常温（约25℃），这样加入面糊时才容易搅拌均匀。

### 低筋面粉

　　我使用的面粉为日清制粉烘焙专用的"超级维奥莱"（Super Violet）系列低筋面粉，这种面粉烘焙出来的成品纹理较稀疏。也可以用日清制粉的"维奥莱"（Violet）系列代替。但最好不要用日清制粉的"花"（Flower）系列，口感会发生变化。

### 泡打粉

　　泡打粉可以让面糊膨胀，烘焙时使甜点更加蓬松。应使用无铝泡打粉。

> **要点**　○蔬菜磅蛋糕与香蕉蛋糕及胡萝卜蛋糕相同，需等蛋糕完全冷却后用保鲜膜包起来，放进冰箱冷藏室保存。保质期为4~5天。
> ○冷藏后蛋糕会变硬，食用时应先放置至常温，或切片后用保鲜膜包起来，放在耐热的盘子上，用微波炉加热20秒左右后再品尝。

红薯磅蛋糕

74

## [ 材料 ]（用于 1 个 18 厘米磅蛋糕模具）

**炒红薯**
- 红薯（不去皮） 120 克
- 无盐黄油 5 克
- 细砂糖 2 茶匙
- 朗姆酒（条件允许时） 1/2 汤匙

**红薯泥**
- 红薯 70 克
- 牛奶 2 茶匙

无盐黄油 70 克
细砂糖 30 克
枫糖 30 克
鸡蛋 1 个（60 克）

**材料 A**
- 低筋面粉 70 克
- 泡打粉 1/2 茶匙

## [ 事前准备 ]

○软化无盐黄油至常温（约 25℃），炒红薯用的无盐黄油可以保持低温。

○将鸡蛋放置至常温（约 25℃），用叉子打散蛋液。

○混合材料 A 并过筛。

○在模具中铺上烘焙油纸（见第 9 页）。

○算好时间，将烤箱预热至 200℃。

---

要点
○红薯香甜松软，味道极佳，烘烤时也可以放上奶酥粒（见第 32 页）。
○可以用红糖或细砂糖代替枫糖。
○蛋糕烤好后可以将 1 汤匙朗姆酒涂在蛋糕表面，趁热用保鲜膜包起来，冷却后蛋糕就会蕴含酒的风味，值得品尝。
○当有孩子食用，需要保证无酒精时，炒红薯中可以不加入朗姆酒。

## [ 做法 ]

1 炒红薯。红薯不用去皮，直接切成宽约 1 厘米的块状（如图 a），浸泡在水中洗净后将水沥干。将红薯块放入耐热的打蛋盆中，轻轻用保鲜膜包住，在微波炉中加热 2 分钟左右。

2 在平底锅中放入无盐黄油，用中火软化，再加入红薯块和细砂糖翻炒。等细砂糖溶化后转为大火，加入朗姆酒（如图 b），倒在红薯表面。然后转移至托盘，放置冷却。这样炒红薯就完成了。

3 做红薯泥。将红薯去皮后切成宽约 1 厘米的块状（如图 c），浸泡在水中洗净，再将水沥干。将红薯块放入耐热的打蛋盆中，轻轻用保鲜膜包住，在微波炉中加热 2 分 30 秒左右。等红薯变软后趁热用叉子背面将其碾碎成泥状（如图 d），稍微残留一些红薯块也行。然后加入牛奶搅拌均匀。

4 在打蛋盆中放入软化后的无盐黄油、细砂糖和枫糖，用橡胶刮刀搅拌，直至糖类完全搅拌均匀（如图 e）。

5 用电动搅拌器高速搅拌上述混合物 2~3 分钟，过程中使其充分与空气接触（如图 f）。

6 分 5 次加入蛋液（如图 g），每次都用电动搅拌器低速搅拌 10 秒左右，之后再高速搅拌，直至搅拌均匀。

7 加入步骤 3 中的红薯泥，用橡胶刮刀轻轻搅拌均匀。

8 加入混合物 A，单手转动打蛋盆，同时从底部向上大幅翻动 10 次左右（如图 h）。等到仅残留一些浮粉时即可。

9 加入步骤 2 中的炒红薯（如图 i），按照同样的手法搅拌 10 次左右。等面糊表面没有浮粉、变得平整即可（如图 j）。

10 将步骤 9 中的面糊倒入模具，把模具底部放在工作台上敲打 2~3 下，使面糊表面变得平整（如图 k）。烤箱预热完毕后，等温度降至 180℃时放入模具，烘烤 35 分钟左右。

11 等蛋糕表面裂开的部分略带焦色后，用竹签戳一下，如无液体残留就说明烤好了（如图 l）。将蛋糕连同烘焙油纸从模具中取出，放在晾网上冷却。

玉米磅蛋糕

## [ 材料 ]（用于 1 个 18 厘米磅蛋糕模具）

炒玉米
| 玉米罐头（如图 a ） 1 罐（120 克）
| 无盐黄油 5 克

无盐黄油 70 克

细砂糖 50 克

盐 1 撮

鸡蛋 1 个（60 克）

材料 A
| 低筋面粉 50 克
| 玉米渣（如图 b ） 20 克
| 泡打粉 1/2 茶匙

牛奶 2 茶匙

玉米渣 5 克

## [ 事前准备 ]

○软化无盐黄油至常温（约 25℃），炒玉米用的无盐黄油可以保持低温。

○将鸡蛋放置至常温（约 25℃），用叉子打散蛋液。

○混合材料 A 并过筛。

○在模具中铺上烘焙油纸（见第 9 页）。

○算好时间，将烤箱预热至 200℃。

## [ 做法 ]

1 炒玉米。先沥干玉米罐头中的水分。在平底锅中放入无盐黄油，用中火软化，再加入玉米翻炒，直至表面略显焦色（如图 c ）。然后移至托盘，放置冷却（如图 d ）。

2 在打蛋盆中放入软化后的无盐黄油、细砂糖和盐，用橡胶刮刀搅拌，直至细砂糖完全搅拌均匀。

3 用电动搅拌器高速搅拌上述混合物 2~3 分钟，过程中使其充分与空气接触。

4 分 5 次加入蛋液，每次都用电动搅拌器低速搅拌 10 秒左右，之后再高速搅拌，直至搅拌均匀。

5 加入混合物 A，单手转动打蛋盆，同时用橡胶刮刀从底部向上大幅翻动 10 次左右。等到仅残留一些浮粉时即可。

6 加入步骤 1 中的炒玉米，按照同样的手法搅拌 5 次左右。再加入牛奶，按照同样的手法搅拌 10 次左右。等面糊表面没有浮粉、变得平整即可。

7 将步骤 6 中的面糊倒入模具，把模具底部放在工作台上敲打 2~3 下，使面糊表面变得平整，再撒上玉米渣。烤箱预热完毕后，等温度降至 180℃时放入模具，烘烤 35 分钟左右。

8 等蛋糕表面裂开的部分略带焦色后，用竹签戳一下，如无液体残留就说明烤好了。将蛋糕连同烘焙油纸从模具中取出，放在晾网上冷却。

ⓒ ⓓ

要点 ○玉米磅蛋糕的味道和玉米面包差不多。炒玉米使之香味十足，与面团蓬松的口感相得益彰。用于装饰的玉米渣烤过后脆脆的，为蛋糕的味道锦上添花。
○玉米本身就带有甜味，因此应减少面糊中细砂糖的用量。

ⓐ 玉米罐头
玉米罐头以口味偏甜的甜玉米为原料，每一粒都保留其原有的形状与口感。使用时应将罐头中的水沥干，以保证玉米粒不含有太多水分。

ⓑ 玉米渣
玉米渣是玉米干燥后磨碎而成。加入烘烤类糕点和面包后，能将玉米独特的香甜味道融入其中。

南瓜磅蛋糕

**[材料]**（用于 1 个 18 厘米磅蛋糕模具）

无盐黄油　70 克
细砂糖　55 克
南瓜　90 克 + 70 克
鸡蛋　1 个（60 克）
材料 A
　┌ 低筋面粉　70 克
　│ 泡打粉　1/2 茶匙
　└ 肉桂粉　1/2 茶匙
白兰地（条件允许时）　1 汤匙

**[ 事前准备 ]**

○软化无盐黄油至常温（约 25℃）。
○将鸡蛋放置至常温（约 25℃），用叉子打散蛋液。
○将 90 克的南瓜切成 2~3 厘米厚的方形薄片，放入耐热的打蛋盆中，轻轻用保鲜膜包起来（如图 a），在微波炉中加热 2 分 30 秒左右。等南瓜变软后，趁热用多功能面粉筛或笊篱过滤（如图 b）成泥状，净重保持在 60~65 克。
○将剩余 70 克南瓜切成宽约 1 厘米的块状，放入耐热的打蛋盆中，轻轻用保鲜膜包起来。在微波炉中加热 1 分钟左右。
○混合材料 A 并过筛。
○在模具中铺上烘焙油纸（见第 9 页）。
○算好时间，将烤箱预热至 200℃。

**[做法]**

1　在打蛋盆中放入软化后的无盐黄油和细砂糖，用橡胶刮刀搅拌，直至细砂糖完全搅拌均匀。

2　用电动搅拌器高速搅拌上述混合物 2~3 分钟，过程中使其充分与空气接触。

3　分 2~3 次加入 60~65 克南瓜泥，每次都用电动搅拌器低速搅拌 10 秒左右，之后再高速搅拌（如图 c），直至搅拌均匀（如图 d）。

4　分 5 次加入蛋液，按照同样的手法搅拌均匀。

5　加入混合物 A，单手转动打蛋盆，用橡胶刮刀同时从底部向上大幅翻动 15 次左右。等到仅残留一些浮粉时即可。

6　加入 70 克切成 1 厘米宽块状的南瓜，按照同样的手法搅拌 10 次左右。等面糊表面没有浮粉、变得平整即可。

7　将步骤 6 中的面糊倒入模具，把模具底部放在工作台上敲打 2~3 下，使面糊表面变得平整。烤箱预热完毕后，等温度降至 180℃时放入模具，烘烤 35 分钟左右。

8　等蛋糕表面裂开的部分略带焦色后，用竹签戳一下，如无液体残留就说明烤好了。将蛋糕连同烘焙油纸从模具中取出，放在晾网上冷却。

9　趁热取下烘焙油纸，用刷子把白兰地涂在蛋糕侧面（如图 e），立刻用保鲜膜包好，放置冷却（如图 f）。

要点　○南瓜的甜味、肉桂的风味与白兰地的香味完美融合，让蛋糕变得柔软水润。
　　　○要选择具有一定硬度、水分不多的南瓜，水分太多会让蛋糕膨胀不起来。
　　　○90 克南瓜过滤后会得到 60~65 克南瓜泥，过滤后一定要称重，如南瓜泥超过 65 克需减少用量。
　　　○当有孩子食用，需要保证无酒精时，最后无须在蛋糕上涂白兰地，直接放在晾网上冷却即可。

图书在版编目（CIP）数据

香蕉蛋糕和胡萝卜蛋糕 /（日）高石纪子著 ；蓝春
蕾译. — 北京 ：北京美术摄影出版社，2019.10
　　ISBN 978-7-5592-0268-0

　　Ⅰ . ①香… Ⅱ . ①高… ②蓝… Ⅲ . ①蛋糕—糕点加
工 Ⅳ . ①TS213.23

中国版本图书馆CIP数据核字 (2019) 第103339号

北京市版权局著作权合同登记号：01-2018-2848

责任编辑：耿苏萌
助理编辑：杨　洁
责任印制：彭军芳

# 香蕉蛋糕和胡萝卜蛋糕
## XIANGJIAO DANGAO HE HULUOBO DANGAO

[日] 高石纪子　著　蓝春蕾　译

出　版　北京出版集团公司
　　　　　北京美术摄影出版社
地　址　北京北三环中路6号
邮　编　100120
网　址　www.bph.com.cn
总发行　北京出版集团公司
发　行　京版北美（北京）文化艺术传媒有限公司
经　销　新华书店
印　刷　北京汇瑞嘉合文化发展有限公司
版印次　2019年10月第1版第1次印刷
开　本　787毫米×1092毫米　1/16
印　张　5
字　数　100千字
书　号　ISBN 978-7-5592-0268-0
定　价　49.00元
如有印装质量问题，由本社负责调换
质量监督电话　010-58572393